생활 공간이 2배 넓어지고 기분이 상쾌해지는 수납 노하우 완전 수록!

깔끔 정리 수납

이다 히사에 飯田久惠 지음 | 김윤경 옮김

아카데미북

생활 공간이 2배 넓어지고 기분이 상쾌해지는
수납 노하우 완전 수록!

깔끔 정리 수납

Contents

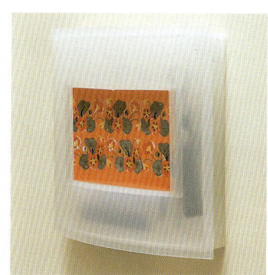

독자 여러분께
이 책의 원저작권은 일본에 있는 것으로, 책의 본문에서 예로 든 다양한 디자인의 수납 도구 또한 한국 내에서는 유통되지 않는 것이 많습니다. 독자께서는 이 책의 주제인 정석 수납 이론을 파악하고 실생활에 응용하실 때 도구를 제작하거나 선택하는 참고 자료로 활용하시기 바랍니다.

쾌적한 생활 공간을 만드는 5단계 수납법

우리 주위에는 물건이 넘쳐나고 있다. 그런데 이것을 어떻게 배치하고 정리해야 할지에 대해 진지하게 생각하는 사람은 많지 않다. 물건을 정리 수납하지 못하면 집이 지저분해지는 것은 물론, 짜증이 나고 구석구석을 제대로 청소하기가 어렵게 된다. 그렇게 되면 몸과 마음에 좋지 않은 영향이 미칠 수도 있다.

이 책에서는 많은 사람들이 관심을 갖고 있는 정리 수납의 순서에 대해 알기 쉽게 5단계로 나누었다. 이른바 '물건을 정리하는 5단계'이다.

이 '물건을 정리하는 5단계'는 정리하고 수납하는 방법을 모르는 사람은 물론 수납에 쓸 시간이 없거나 대체 어디서부터 손을 대야 할지 엄두가 나지 않는 사람, 여러 번 도전해 봤지만 정리 수납 상태를 그대로 유지할 수 없는 등 집 안 수납 문제에 대해 고민하는 모든 사람들에게 도움이 될 것이다. 수납에 대한 고민을 해결해 줄 열쇠가 이 5단계 가운데 어느 한 가지와는 분명 관련되어 있을 것이다.

1단계부터 5단계까지는 마치 등산을 하는 것과 같다. 처음에는 시간이 걸리더라도 순서대로 해 나가다 보면 시간과 노력을 낭비하는 일 없이 정리 수납을 할 수 있다. 만약 중간에 실패하더라도 조급해하거나 좌절하지 말고 다시 1단계부터 시작하면 된다. 단숨에 오르려 하지 말고 한 걸음 한 걸음씩 확실하게 해 나가는 것이 중요하다.

이 책에서는 주로 '어디에 무엇을 어떻게 넣을까?'를 중심으로 설명한다. 5단계 중 3단계인 '보관할 장소를 정한다'와, 4단계인 '넣는 방법을 정한다'에 해당한다. 그 과정을 통해 모든 단계에 도달하기까지 정말로 필요한 물건이 무엇인지를 판단(1·2단계)할 필요가 있다. 게다가 이것은 개인적인 문제이기 때문에 스스로 해결해야만 한다.

이 책에 나온 수납 아이디어를 실행하기 전에 각자 1단계와 2단계를 해결해야 한다. 그런 뒤에 5단계까지 진행할 수 있다면 당신은 수납의 달인이 될 것이다.

1단계부터 5단계까지는 마치 등산을 하는 것과 같다. 처음에는 시간이 걸리더라도 순서대로 해 나가다 보면 시간과 노력을 낭비하는 일 없이 정리 수납을 할 수 있다.

정리 수납의 법칙
— 물건을 정리하는 5단계

 1 단계

물건을 소유하는 기준을 세운다

집 안의 수납 공간은 한계가 있다.
모든 물건에 대해 필요하다 또는 필요하지 않다는 판단을 내리자.

 2 단계

필요없는 물건을 치운다

필요하지 않은 물건을 치운다. 재활용하거나 바자회 등의 행사에 내놓는다.

 3 단계

보관할 장소를 정한다

모든 물건에 바른 위치를 정해 둔다. 이때 포인트는 사용할 장소 옆 또는 최단 거리가 된다.

 4 단계

넣는 방법을 정한다

보이지 않는 물건은 없는 것이나 다름없다.
가능하면 물건이 잘 보이게 하고, 넣고 꺼내기 쉽게 한다.

 5 단계

수납해 놓은 깔끔한 상태를 유지 관리한다

사용한 물건은 제자리에 놓고, 물건이 늘어나지 않도록 신경 쓴다.
이것이 불가능하다면 1단계로 되돌아간다.

 **1단계** # 물건을 소유하는 기준을 세운다

자신에게 필요한 물건과 필요하지 않은 물건이 있다는 것을 파악해야 한다

수납은 '무엇을, 어디에, 어떻게 넣을지'를 생각하여 실행하는 것이다. 여기서 '무엇을'은 물건으로, 현재 당신이 어느 정도 물건을 가지고 있는지, 그것이 모두 생활에 필요한지 등을 다시 평가하는 것이 1단계다. 지금 당신이 가지고 있는 모든 물건의 용도를 하나하나 확인해 보자.

물건을 소유하는 기준과 수납의 관계를 파악하는 것은 매우 중요한 일이다. 예를 들어 이사를 할 경우, 지금 가지고 있는 물건을 전부 옮기게 되면 시간과 노력이 많이 들 것이다. 하지만 필요한 것만 옮긴다면 무엇을 어디에 두면 좋을지를 바로 알 수 있고, 정리 작업도 훨씬 쉬워진다. 이처럼 정리 수납을 신속하고 자연스럽게 하기 위해서는 필요하지 않은 물건을 치우는 것이 중요하다.

어느 집이나 수납 공간은 한정되어 있게 마련이다. 그 이상의 물건을 갖고 있다면 물건이 넘쳐나고, 그로 인해 물건을 넣고 꺼내기 수월한 기능적인 수납은 기대할 수조차 없다. 수납 공간을 늘릴 수 없다면 물건을 줄일 수밖에 없다. 하지만 '줄인다'는 것이 말처럼 쉽지 않다. 게다가 필요한 것과 불필요한 것을 결정할 확실한 기준도 없다. 그 기준을 정하는 것은 바로 나 자신이다. 어떤 사람은 집안일을 더욱 쉽고 편하게 하고, 자신의 시간을 확보하기 위해 필요 이상의 물건은 갖지 않는 것이 좋다고 생각할지도 모른다. 이 경우 '집안일을 더욱 쉽고 편하게 한다'가 필요와 불필요를 결정하는 판단 기준이 된다. 이와 반대로 수납 공간을 늘려서라도 좋아하는 물건에 둘러싸여 살고 싶다고 생각하는 사람도 있을 것이다. 이때는 '좋아하는 물건에 둘러싸여 산다'가 필요와 불필요의 판단 기준이 되는 것이다. 정리 수납이란 결국 '무엇에 시간을 사용하고 싶은가', '무엇에 가치가 있는가'를 명확하게 세우는 것, 즉 생활 방식 그 자체인 것이다.

가지고 있는 물건을 모두 확인한 뒤 필요하지 않다고 판단된 물건을 어떻게 처리할지 생각한다.

신는다

신지 않는다

2단계 필요 없는 물건을 치운다

필요하지 않은 물건은 조금씩 치우고 가능한 한 재활용한다

필요 없는 물건이라는 판단을 내린 뒤 그것을 실제로 치워 버리는 것이 2단계다. 오랫동안 가지고 있던 물건의 필요성 여부를 한순간에 판단하기는 쉽지 않다. 말 그대로 '왠지 모르게' 이것은 이제 필요 없는 것 같다고 생각하는 정도면 된다.

불필요한 물건을 판단하고 치우는 작업에서 중요한 것은 다음의 4가지다. ① 장소를 한정한다 ② 물건을 수납 공간에서 전부 꺼내지 않는다 ③ '지금부터 15~30분간'이라는 시간을 정한다 ④ 공간이 비더라도 다음 단계로 이동하지 않는다.

아무리 시간과 노력을 투자해도 한번에 집 안 모든 장소를 점검할 수는 없다. 처음에는 부엌 싱크대 위, 다음에는 싱크대 아래, 또는 선반 위쪽, 선반 아래쪽 등 장소를 정한 뒤 필요 없는 물건들을 차례차례 치운다. 물건을 전부 꺼내 놓으면 원래의 장소로 되돌려놓는 작업이 힘겨워진다. 요령은 '골라내는' 것.

예를 들어 서류의 경우 5장을 2장으로 줄인다는 마음으로 정리하면 된다. 그리고 시간을 15분이나 30분 등으로 한정한다. 매일 조금씩 집 안에 있는 불필요한 물건을 골라내는 일은 그리 어렵지 않다. 또 한 가지, 물건을 없애서 생겨난 자리에 바로 다른 물건을 수납하지 않도록 한다. 이것은 3단계이므로 순서에 따라 진행하는 것이 중요하다.

필요하지 않다고 판단한 물건은 재활용하도록 한다. 이 또한 유치원이나 학교 등에서 행하는 바자회나 벼룩시장 등에 내놓는 '공공의 개념'과, 친구나 친척 등과 주고받는 '사적인 개념'으로 나눌 수 있다. 어떤 가정을 불문하고 불필요한 물건의 양은 상당할 것이다. 필요 없는 물건을 둘 장소가 없을 때는 바자회를 활용하거나 재활용 쓰레기를 내놓는 날에 맞추어 2단계를 실행하면 좋을 것이다.

필요 없는 물건 중에는 아직 사용할 수 있는 것도 많을 것이다. 가능한 한 재활용하는 것이 좋다.

3단계 보관할 장소를 정한다

모든 물건에는 '집'이 필요하다. 자주 사용하는 물건일수록 사용 장소 가까이 둔다.

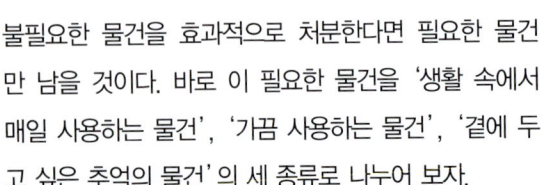

약 보관하기
수납의 목적은 단순히 물건을 넣는 데 있는 것이 아니라 필요할 때 바로 사용할 수 있도록 하는 것이다. 그러기 위해서는 동선을 생각해 '집(보관 장소)'을 결정해야 한다.

불필요한 물건을 효과적으로 처분한다면 필요한 물건만 남을 것이다. 바로 이 필요한 물건을 '생활 속에서 매일 사용하는 물건', '가끔 사용하는 물건', '곁에 두고 싶은 추억의 물건'의 세 종류로 나누어 보자.
3단계에서는 이런 모든 물건에 '집'을 정해 줄 것이다. '집'이란 보관 장소로서, 이 장소가 정해지지 않을 경우 바닥에 놓이거나 정리할 때마다 장소가 바뀌게 되어

'물건을 찾게 되는' 원인이 되는 것이다.
'집'을 결정할 때는 사용 빈도를 따져 보는 것이 가장 중요하다. 매일 쓰는 물건과 1년에 한 번밖에 사용하지 않는 물건을 보관하는 장소는 당연히 달라야 한다. 예를 들어 거실 수납장에는 거실에서 많이 사용하는 물건 순으로 수납하면 된다. 수납 공간이 없을 때는 사용하는 장소에서 가장 가까운 곳의 수납장에 넣으면 된다.

4단계 넣는 방법을 정한다

편하게 물건을 넣고 꺼낼 수 있도록 수고를 덜 들이는 방법을 고른다

보관할 장소를 정했다면 어떻게 수납할지를 결정하는 것이 과제. 쉽고 편하게 넣고 꺼낼 수 있는 방법을 결정하는 것이 4단계다. 여기서 '편하게'는 사용할 물건을 손에 넣기까지 움직이는 정도 즉 수고가 적은 것을 의미한다. 물건을 넣고 꺼낼 때는 사용하려는 물건이 놓여 있는 장소까지 가서 문이나 서랍을 열거나, 가끔은 쭈그려 앉거나 등을 구부려 물건을 꺼내야 한다. 이런 몸의 움직임이 적을수록 그만큼 넣고 꺼내기가 편하다. 여기서는 이러한 몸의 움직임을 '수납 지수'라고 이름 붙였다. 즉 걸음 수와 움직임 수를 더한 것이다.

움직임 수가 적어야 넣고 꺼내기가 쉽다. 매일 몇 번씩 사용하는 물건은 깊은 곳에 보관하지 말고, 바로 꺼내 쓸 수 있는 움직임 0의 수납이 필요하다.

가장 정리하기 쉬운 수납을 숫자로 환산하면 걸음 수 0, 움직임 수 0으로 수납 지수 0이다. 이것은 사용하고 싶은 물건이 사용하려는 장소에 있고, 바로 얻을 수 있음을 의미한다. 3단계에서는 걸음 수를 적게 하고, 4단계에서는 움직임 수를 가능한 한 적게 하면 된다. 예를 들어 전화기 옆에 메모지와 펜을 두고 내용을 바로 메모할 수 있다면 수납 지수는 0이 된다. 하지만 메모지와 펜이 서랍에 들어 있다는 사람을 꺼내는(움직임 1) 일이 더해지기 때문에 수납 지수가 1이 된다. 서랍 속 상자에 넣었을 때는 서랍을 열고(움직임 1) 상자를 꺼내어(움직임 2) 상자 뚜껑을 열어야(움직임 3) 하므로 수납 지수가 3이 된다. 수납 지수가 적을수록 물건을 넣고 꺼내기가 편하다. 수고스럽지 않게 넣기 위해서는, 선반의 경우 앞뒤에 다른 물건을 넣지 말아야 한다. 굳이 넣어야 한다면 뚜껑이 없는 상자에 넣거나 상자를 꺼내바로 물건을 꺼낼 수 있도록 하는 것이 좋다. 물건을 꺼낼 경우에는 포개지 않고 자신에게 가까운 쪽에 자주 사용하는 물건을 넣으면 된다. 행거에 걸 때는 1개의 옷걸이에 1개의 옷만 거는 것이 좋다. 고리도 같은 고리에 몇 개씩 포개서 걸지 않아야 한다.

 5단계 수납해 놓은 깔끔한 상태를 유지한다

사용한 물건은 반드시 다시 '집'으로 원위치에 돌려놓고, 새로운 물건을 구입할 때는 신중하게 결정한다

자신에게 필요한 물건을 고르고, 물건을 사용할 장소 옆에 수납 장소를 설계하여 넣고 꺼내기 편하게 수납했다. 정리 수납은 이것으로 완성. 하지만 지금은 좋아도 시간이 지나면 어떻게 될지 모르는 일. 지금 5단계는 지금 이 상태를 어떻게 유지할지를 생각하는 것이다. 모처럼 깔끔하고 쾌적한 생활을 하게 되었는데 그것이 일시적인 것으로 끝나 버리지 않도록 하기 위해서는 다음의 2가지를 행해야 한다.

● 사용한 물건은 원위치로 되돌려 놓는다

이것이 좀처럼 안 될 때는 3단계 그 물건에 '집'이 있는지, 그리고 4단계 집이 있어도 원위치로 되돌려놓는 데 지나치게 많은 시간이 걸리는 것은 아닌지를 확인해 본다. '집'이 근처에 있고 수고롭지도 않은데 원위치로 되돌려놓지 못하는 경우에는 넣고 꺼내는 수납 가구가 지나치게 무거워 다루기가 어려운 경우일 수도 있다.

● 무턱대고 물건을 늘리지 않는다

필요 없는 물건을 없애도 새로운 물건이 점점 늘어난다면 깔끔하고 쾌적한 수납 상태를 유지할 수 없다. 가지고 싶은 물건을 봤을 때 수납할 장소가 있는지 없는지를 바로 판단할 수 있다. 물건을 버리지 못하는 사람일수록 새로운 물건을 소유하는 데 더욱 신중을 기해야 한다.

원하는 물건을 발견했다면 수납 공간이 있는지를 먼저 생각한다.

칼럼 ① '보이는 수납'과 '보여 주는 수납'

물건을 깊숙이 넣는 것은 바람직한 수납이 아니다. 수납의 목적은 '꺼내서 사용하기'위한 것으로, 가끔은 밖으로 나오게 두어도 좋다. 여기서 보이는 수납을 '보이는 수납'과 '보여 주는 수납'으로 구분하여 생각해 보자. 어느 쪽이 좋고 나쁜 것이 아니라 성격이 다르다고 보면 된다. 이 2가지의 차이를 명확하게 해 두면 물건 보관하는 장소를 생각할 때 도움이 된다.

'보이는 수납'은 말 그대로 밖에 꺼내 놓고 사용하는 수납이다. 예를 들어 사용 빈도가 매우 높은 리모컨이나 필기 용구 등은 보관하는 장소가 정해져 있어도 사용 빈도가 높으므로 테이블에 올려두고 사용한다. 이런 경우에는 정해진 장소보다 잘 보이는 곳에 꺼내 두고 사용하는 것이 편하다. 깊이 넣어 두면 잊어버리는 물건도 '보이는 수납'을 하는 것이 좋다.

한편 '보여 주는 수납'은 인테리어를 목적으로 하는 것으로, 간격을 넓혀 넉넉하게 하는 수납법이다. 많은 양을 수납할 수는 없지만 예쁘고 깔끔해 보인다. 취미로 모으는 인형이나 도자기, 인테리어 소품 등을 보여 주는 수납법으로 정리하면 인테리어 효과까지 동시에 얻을 수 있다.

인테리어가 목적인 '보여 주는 수납'
같은 수납장이라도 사용법에 따라 이미지가 달라진다. 책이나 인테리어 소품 등을 여유 있게 배열해 장식장으로 활용한다.

수납이 목적인 '보이는 수납'
거실에 놓인 캐비닛을 가족이 공유하는 수납 공간으로 활용한다. 예를 들어 서류나 리모컨, 필기구 등을 넣어두면 된다.

부엌

부엌은 집 안에서 물건의 종류와 수가 가장 많은 공간이다. 하지만 집 전체로 봤을 때 결코 공간이 넓다고 할 수는 없다. 그래서인지 부엌 도구나 식품, 식기, 행주 등 다양한 물건이 좁은 공간에 빼곡하게 들어 차 있는 집이 많다. 이 제부터 '정리 수납의 법칙'에 따라 1단계부터 실행해 보자.

먼저 사용 빈도가 높은 싱크대와 가스레인지 주변부터 시작한다. 매일 사용하는 장소이므로 필요한 것과 필요하지 않은 것을 구분하기가 쉬울 것이다. 매일 사용하는 것은 필요한 것, 요 몇 년간 사용 빈도가 없거나 낮았던 것은 필요 없는 것으로 구별하는 것도 좋은 방법이다. 필요한 것만 남기면 '수납 지수'를 고려하면서 보관 방법을 정할 수 있다.

  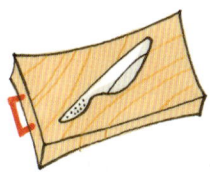  

싱크대 주변에는 물과 관련된 도구를

필요한 물건을 보관하는 장소에 대해 이른바 '집'을 찾아주는 것이 중요하다고 앞서 밝혔지만 부엌에서는 어디에도 좋다는 경우는 없다. 가장 기본은, 사용할 장소 옆에 '집'을 마련하는 것이다. 싱크대 앞에 서서 작업할 때는 씻을 재료를 담을 볼이나 소쿠리, 재료를 자르기 위한 부엌칼과 도마, 재료를 담기 위한 냄비, 뒷정리를 위한 세제나 수세미 등이 필요하다. 이처럼 물과 관련된 도구는 가능하면 싱크대 주변에 수납하는 것이 좋다.

싱크대 아래 공간에는 볼이나 소쿠리, 냄비 등을 수납하는 것이 좋다.

가스레인지 주변에는
불과 관련된 도구를

가스레인지 주변도 마찬가지다. 가스레인지에서는 채소나 고기 등을 볶을 때 사용하는 프라이팬이나 뒤집개 등의 조리 도구, 음식의 맛을 내기 위한 간장이나 맛술, 기름 등의 양념이 필요하다. 특히 프라이팬은 필요할 때 바로 꺼내 써야 하는 도구이기 때문에 여러 개가 포개져 있거나 근처에 큰 조미료 통이 놓여 있으면 바로바로 꺼내 쓰기가 불편하다. 불을 사용하는 데 필요한 도구는 가능하면 가스레인지 주변에 모아 두는 것이 좋다.

가스레인지 아래에는 프라이팬이나
각종 조미료를 수납하는 것이 좋다.

냄비

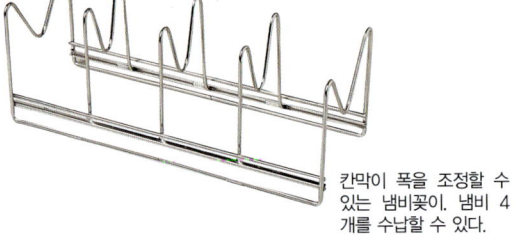

공간이 없을 때는 손잡이를 분리할 수 있는 냄비를 이용한다. 냄비 본체는 크기에 따라 포개어 수납할 수 있다.

칸막이 폭을 조정할 수 있는 냄비꽂이. 냄비 4개를 수납할 수 있다.

싱크대 아래 서랍에 보관 ▶

싱크대 아래가 서랍으로 되어 있는 경우에는 냄비도 여기에 수납하면 된다. 냄비를 포갤 때 뚜껑은 세워서 수납한다. 이 경우 시판되는 냄비 선반을 활용하면 된다. 냄비 크기에 따라 움직일 수 있어 편리하다.

◐ 싱크대 위 수납장에

싱크대 아래에 넣지 않을 경우, 손이 닿는다면 싱크대 위 수납장도 활용한다. 수납장 선반은 2단, 3단으로 구성되어 있는데, 쉽게 넣고 꺼내기가 가능한 것은 가장 아랫단에 보관하는 것이 좋다.

◐ 싱크대 아래 선반에

자른 재료나 물을 넣을 냄비는 가능하면 싱크대 주변에 수납한다. 넣고 꺼내기가 간편한 선반이 필요하다. 또한 싱크대 아래에는 배수관이 있으므로 배수관 위치에 따라 조절할 수 있는 전용 선반을 사용하는 것이 좋다. 싱크대 폭에 맞춰 길이를 조정할 수 있고 선반 높이도 자유롭게 조절할 수 있는 것을 고른다.

부엌 ❷

프라이팬

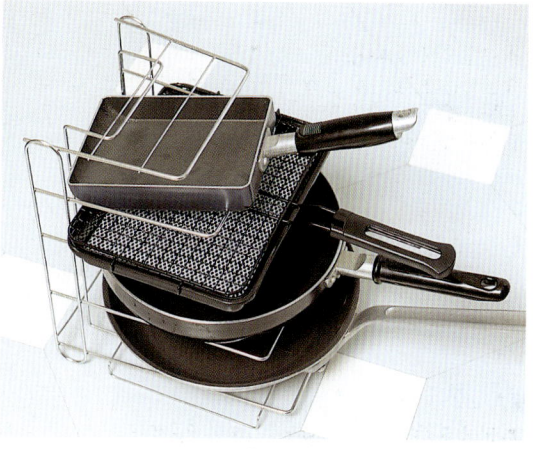

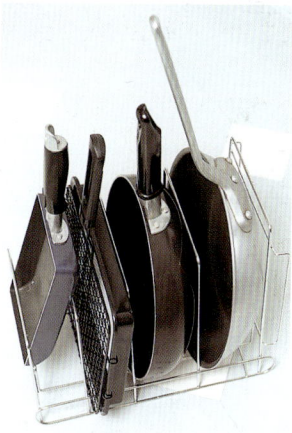

✿ 가스레인지 아래 선반에

프라이팬은 가스레인지 주변에 보관하는 것이 기본이다. 특히 바로 꺼내 사용할 수 있는 기능적인 수납 용구를 활용하는 것이 좋다. 세워서도 사용할 수 있고 뉘여서도 사용할 수 있는 프라이팬 정리대를 구한다. 여는 문의 경우에는 뉘여서 사용하면 되고, 서랍 형태의 경우에는 세워서 사용한다.

✿ 가스레인지 아래 서랍에

가스레인지 아래가 서랍 형태로 되어 있는 경우에는 세워서 수납한다. 프라이팬 외에 석쇠도 함께 수납하면 좋다. 프라이팬이 커서 높이가 맞지 않을 때는 포개어 놓는다.

프라이팬의 종류가 많지 않을 때는 가스레인지 아래에 전용 선반을 두어도 좋다.

칸막이를 조정할 수 있는 서랍 전용 프라이팬 정리대

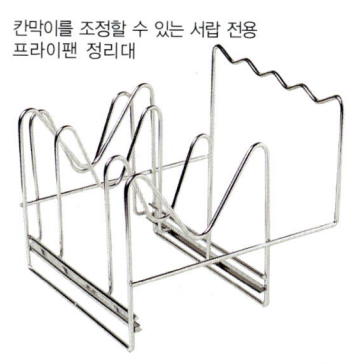

소쿠리·볼

크기대로 포갤 수 있는 기능적인
소쿠리나 볼은 종류가 다양할 뿐만
아니라 보기에도 깔끔하다.

✿ 싱크대 주변 선반 수납장에

소쿠리나 볼은 세트로 사용하는 경우가 많기 때문에 가능하
면 같은 장소에 보관해 두는 것이 기본이다. 또 모양이 같은
것끼리 크기를 달리해 맞춰 놓으면 깔끔하게 포개어 수납할
수 있다. 이때는 소쿠리와 볼을 함께 쌓아 두지 말고 자주
사용하는 것을 고려하여 각각 따로 쌓는 것이 좋다. 보관 장
소는 싱크대 아래 수납장이나 서랍이 적당하다. 싱크대 앞
에 섰을 때 바로 손이 닿아 편하게 이용할 수 있는 장소라
면 어디라도 좋다.

✿ 싱크대 아래 서랍에

싱크대 아래가 서랍으로 되어 있는 부엌은 소쿠리나 볼 등
을 종류별로 쌓아 수납한다.

부엌 ❹

도마·부엌칼·부엌가위

◆ 부엌칼은 칼꽂이에 꽂아 넣거나 서랍에 보관

도마와 세트로 사용하는 부엌칼은 3가지 수납 방법을 생각해 볼 수 있다. 가장 기본은 싱크대 아래 문 뒤에 달려 있는 칼꽂이에 꽂아 두는 것이다. 서랍 형태의 부엌일 경우에는 뉘어서 수납하는 칼꽂이가 부착되어 있는 경우가 많으므로 뉘어서 수납하면 된다. 둘 중 어느 것에도 속하지 않는 경우에는 전용 칼꽂이를 이용해 싱크대 주변에 두면 된다. 부엌 가위도 함께 수납하면 편리하다.

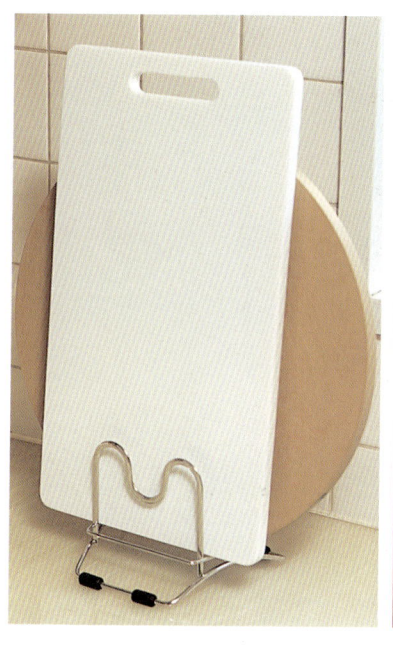

◆ 도마는 전용 스탠드를 사용하여 싱크대 주변에 꽂아 놓는다

싱크대 아래가 서랍으로 되어 있는 경우에는 도마와 함께 세워서 보관할 수도 있다. 가볍고 작은 것은 국자와 함께 고리에 걸어 놓을 수도 있다. 하지만 하루에 몇 번씩 사용하는 것이기 때문에 싱크대 주변에 세워서 걸어놓는 집이 많다. 또한 밖으로 꺼내 놓으면 통풍이 되어 위생적이다. 사진처럼 안정적인 스테인리스 제품의 도마 스탠드를 활용하면 편리하다. 시중에 나와 있는 다양한 제품 중에서 잘 골라 쓰도록 한다.

문 부착용 부엌칼꽂이는 나사나 양면 테이프로 부착할 수 있다.

칼과 가위를 함께 보관할 수 있는 스탠드형 디자인. 기울어져 있어 건조 속도도 빠르고, 넣고 꺼내기도 쉬운 도마 정리대 등 시판되는 다양한 제품 중에서 쓰임새에 맞게 선택한다.

국자·주걱 등의 부엌 소품

● 걸어 놓는다

매일 사용하는 국자나 뒤집개, 주걱 등의 조리 도구는 필요할 때 바로 사용할 수 있는 수납이 좋다. 부엌에 고리가 달린 공간이 있다면 걸어서 '보이는 수납'을 할 것. 걸이가 없다면 시판되는 고리를 구입하여 간단하게 붙일 수 있다. 아래의 왼쪽 사진은 찬장 아래에 스테인리스 와인 홀더를 나사로 고정한 뒤에 S자 고리를 달아 조리 도구를 수납해 놓은 것이다. 아래의 오른쪽 사진은 수납장 하단에 시판되는 고리를 걸어 조리 도구를 수납한 것이다.

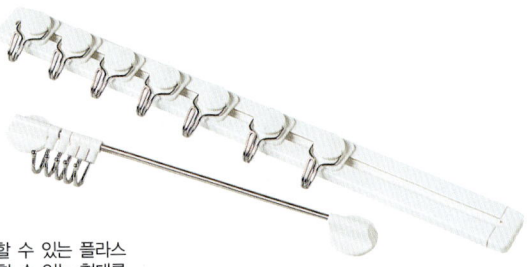

나사나 양면 테이프로 접착할 수 있는 플라스틱 고리 제품. 맨 위에 설치할 수 있는 형태를 고른다.

⊙ 서랍에 넣는다

서랍에 보관할 경우에는 '움직임 1'이 된다. 구분 트레이를 사용해 수납하면 섞이지 않게 넣고 꺼낼 수 있다. 국자나 뒤집개 등의 부엌 소품도 구분해서 위치를 정해 두는 것이 좋다.

⊙ 꽂아 놓는다

이것도 '움직임 0'의 '보이는 수납'이다. 사진처럼 도자기에 꽂아 두면 보기에도 좋을 뿐만 아니라 자유롭게 이동이 가능하다. 쉽게 넣고 꺼내기 위해서는 많이 꽂아 두지 말고, 사용 빈도가 높은 것을 넣어 두는 것이 좋다.

서랍 내부를 구분하는 데 쓰이는 용품도 다양하다. 반투명 타입은 심플하고 깨끗해 보인다.

나무주걱, 병따개, 와인 오프너, 계량컵, 고무줄, 젓가락 등 수납할 물건에 맞추어 서랍을 정리하면 좋다.

조미료

가스레인지 아래 공간을 활용하면 2단식 선반도 놓을 수 있다. 자주 사용하는 조미료는 사용하는 사람과 가까운 쪽에 넣어 둘 것.

⬇ 이동식 트레이로 정리하여 가스레인지 아래에

조미료는 사용하는 장소 근처에 수납한다. 기름이나 맛술, 간장, 식초처럼 요리에 거의 빠지지 않는 기본 조미료는 가스레인지 주변에 두어야 사용하기 편하다. 가스레인지 아래에 보관할 때는 바닥에 두지 말고 트레이나 쟁반 등에 정리하는 것이 좋다. 사진에서처럼 이동식이라면 무거운 병 종류도 쉽게 움직일 수 있다. 한정된 공간이므로 자주 사용하는 것을 중심으로 보관한다.

⬆ 수납장 서랍에

가스레인지 아래에 오븐이 설치되어 있다면 가스레인지 주변 수납장 서랍에 조미료를 넣을 공간을 만든다. 사용하는 사람 가까운 곳에 사용 빈도가 높은 것을 넣는 것이 포인트. 이렇게 하면 서랍을 많이 열지 않아도 필요한 것을 쉽게 꺼낼 수 있다.

⬇ 향신료는 전용 선반에

향신료를 자주 사용하는 가정에는 전용 선반이 있으면 편리하다. 기능과 디자인이 뛰어난 것은 '보이는 수납'으로 정리하면 움직임 0. 가스레인지 주변 서랍에 향신료 공간을 만드는 것도 방법이다.

콤팩트한 트레이에 향신료 통을 그대로 넣어 서랍에 보관하는 것도 좋다.

부엌 ❼ # 랩 종류

⬇ 수납장 문 안쪽에

랩 종류를 밖에 꺼내 두고 싶지 않을 때는 수납장 문 안쪽을 이용하는 것도 방법이다. 자석으로 붙이는 타입은 전용 접착제를 이용하면 된다.

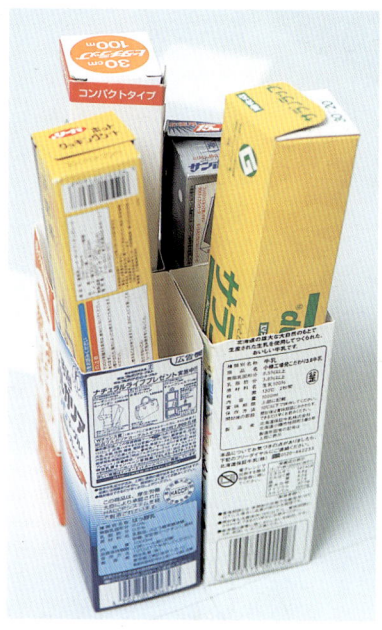

⬆ 수납장 선반에

수납장 선반을 이용할 경우에는 버려지는 공간이 없도록 선반의 판 높이를 랩 사이즈에 맞춘다. 높낮이를 조절할 수 있는 선반은 간단하게 움직일 수 있다. 높낮이 조절을 할 수 없는 선반의 경우에는 이 책의 본문 84페이지를 참고하여 선반을 늘린다.

⬆ 우유팩을 활용한다

랩이나 알루미늄 호일은 수납 공간에 맞춰 싱크대 주변이나 가스레인지 주변 등 어느 쪽에 수납해도 상관없다. 수납장 안에 넣을 때는 우유팩을 활용하는 것도 좋은 아이디어. 우유팩 4개를 깨끗하게 잘라서 말린 뒤 적당한 높이로 잘라 4개를 스테이플러나 테이프로 고정하여 이용하면 된다.

부엌 수납 용품 가운데는 자석을 이용해 붙이는 것도 있다. 자석을 사용할 수 없는 경우에는 자석 전용 접착제를 이용하면 된다.

⬅ 찬장 아래를 활용한다

랩 등을 비롯한 부엌 소품을 수납할 수 있는 걸이도 다양하다. 이 사진은 찬장 아래에 붙여 매다는 타입. 랩 외에도 키친타월이나 행주 등을 수납할 수 있다.

비닐 봉투·쇼핑 봉투

◎ 전용 케이스에

비빌 봉투를 넣어 두는 다양한 디자인의 케이스가 나와 있다. 공간이 있다면 3 개를 나란히 놓아 봉투 크기별로 나누어 넣으면 더욱 편리하다. 봉투는 위에서 넣은 뒤 아래로 뽑아 쓴다. 비닐 봉투도 사용할 수 있다.

인테리어 기능도 있는 쇼핑 봉투 케이스. 천 소재 제품.

◎ 접어서 서랍에

슈퍼마켓 등에서 물건을 사고 담아 온 쇼핑 봉투를 쓰레기 봉투 대신 사용하는 가정도 많을 것이다. 이 것을 서랍에 보관할 때는 접어서 넣으면 장소를 많이 차지하지도 않고 서랍에 깔끔하게 수납할 수 있다. 가로나 세로 어떤 형태로 넣어도 상관없다. 식품을 넣기 위해 산 비닐 봉투를 함께 넣을 때는 반으로 접어서 위부터 꺼낸다.

쇼핑 봉투 접는 법

쇼핑 봉투를 서랍에 보관할 경우, 꺼내기 쉬우면서도 수납의 효과도 높일 수 있는 방법은 깔끔하게 개서 차곡차곡 넣어 두는 것이다. 쇼핑하고 돌아와 봉투를 개어 놓는 습관을 들이면 별로 힘들지 않다.

1 구겨진 봉투를 펴면서 봉투 형태를 정리해 공기를 뺀다.

2 봉투 한가운데를 가로로 반으로 접는다.

3 다시 가로로 반으로 접는다.

4 손바닥으로 봉투를 훑듯이 공기를 뺀다.

5 세로로 반을 접는다.

6 보관함의 높이에 맞춰 2~3회 접는다.

7 어떤 사이즈도 같은 방법으로 깡통이나 상자 등에 세워 넣는다.

접어 놓은 쇼핑 봉투는 봉투 폭에 맞는 과자통 등에 넣으면 좋다. 쓰기 편안한 가까운 서랍 쪽에 수납한다.

보존 용기

🔷 서랍에 본체와 뚜껑을 따로따로 넣는다

보존 용기도 차곡차곡 쌓이다 보면 시나브로 장소를 차지하므로 필요량 이상은 과감하게 처분하도록 한다. 최근에는 콤팩트하게 수납할 수 있는 디자인도 다양하게 나와 있다. 이때는 뚜껑과 본체를 나누어 서랍에 넣는다.

뚜껑과 본체를 따로 수납할 수 있는 콤팩트한 보존 용기. 전자레인지와 냉동실에도 사용할 수 있다. 가능하면 디자인을 통일하는 것이 좋다.

🔷 안이 깊은 서랍에 세워 넣는다

사이즈가 다양한 보존 용기가 많은 경우에는 크기대로 포개어 넣을 수 없다. 이때는 뚜껑을 닫은 상태에서 세워 넣으면 꺼내기 쉽다. 또 안이 깊은 서랍을 보존 용기 전용으로 크기에 상관없이 모든 용기를 넣으면 편리하다. 서랍에 여유가 없는 경우에는 수납장 선반에 넣는다. 단지 쌓는 것이 아니라 뚜껑을 사용하여 세워서 수납해 보자.

사용하기 쉬운 보존 용기는 어떤 것?

보존 용기는 다양한 차이는 디자인뿐만 아니라 기능에도 있다. 깔끔한 수납을 원한다면 기본적인 차이를 알아두는 것이 좋다. 보존 용기 가운데 원터치 타입의 뚜껑이 달린 것과 양손을 사용해 뚜껑을 여는 타입을 예로 들어 보관 장소에 맞춰 움직임 수(수납 지수)를 비교해 보았다. 기본적으로는 움직임이 적을수록 쉽게 사용할 수 있지만 원터치 타입은 밀폐도가 떨어지기 때문에 장기 보존의 경우에는 부적합하다. 내용물이나 사용 빈도에 맞추어 구분해서 사용하면 좋다.

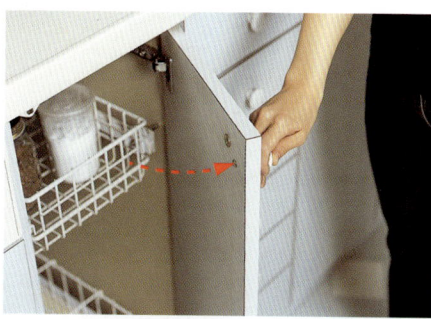

움직임 ❶

뚜껑 달린 타입의 보존 용기를 수납장에 수납할 경우에는 우선 수납장의 문을 연다.

움직임 ❷

스틸 바구니를 꺼낸다.

왼쪽이 원터치 뚜껑 타입. 오른쪽이 양손을 사용해 뚜껑을 여는 타입.

움직임 ❸

보존 용기를 꺼낸다.

움직임 ❹

보존 용기 뚜껑을 연다. 움직임 수는 총 4회로 꺼내기까지 꽤 수고스럽다. 자주 사용하는 조미료는 원터치 타입의 용기에 넣고, 자주 사용하지 않는 것은 뚜껑 달린 타입에 넣는 것이 좋다.

원터치 타입 – 움직임 ❶

원터치 타입은 레버를 누르면 뚜껑이 열린다. 조미료 통을 부엌 조리대에 두면 꺼내면서 레버를 누를 수 있으므로 사용하기 쉬운 '움직임 1'이다. 하지만 원터치 타입도 수납장에 넣어 두면 움직임 수가 하나 더 증가한다.

식기

같은 종류의 물건을 일렬로 식기를 수납할 때는 유리그릇, 옻그릇, 사기그릇처럼 종류별로 구분하거나 와인잔, 밥그릇, 작은 사발처럼 아이템별로 구별하는 경우가 많다. 어떻게 분류하든 각자의 기호이므로 상관없지만 문제는 배열 방법이다. 식기를 넣고 꺼내는 것을 가장 우선으로 생각한다면 같은 종류의 식기를 일렬로 배열하는 것이 요령이다. 이렇게 하면 한눈에 여러 가지 종류의 식기를 볼 수 있어 지금까지 깊숙이 보관해 두었던 물건의 사용 빈도도 높일 수 있다.

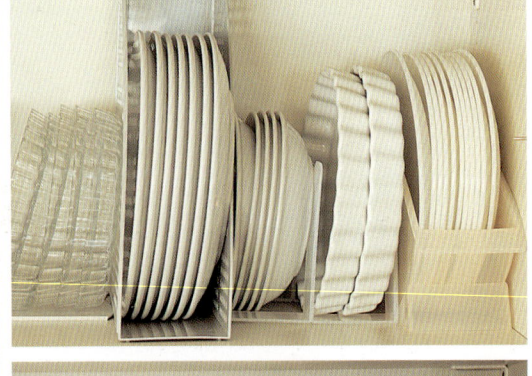

⬆ 접시는 세우지 말고 선반에 쌓아 둔다

아래 사진은 같은 높이의 선반에 접시를 수납한 예다. 접시를 세워 두면 쉽게 꺼낼 수 있다고 생각하는데, 실제로는 하나씩 꺼내지 못하고 넣고 꺼낼 때마다 쨍그랑쨍그랑 소리가 나서 깨질까 봐 걱정된다. 한편 쌓아 놓았더니 같은 종류의 접시끼리 정리할 수 있고, 움직이는 횟수도 적어졌다. 수납량 역시 세워 놓은 것에 비해 좀 더 많은 데다 아직 여유 공간까지 남아 있다.

크기나 선반 깊이에 따라 일렬로 배열하지 못한 그릇은 좌우에 비켜 놓으면 수납이 쉽다.

식기 선반의 안쪽이 깊을 경우 그 앞뒤에 다른 물건을 배열하기 쉽다. 하지만 이렇게 하면 보기에는 정리된 것처럼 보일지 몰라도 사용하기는 불편하다.

⬆ 선반에 들어가지 않는 큰 그릇

커다란 그릇은 밖으로 꺼내 '보여 주는 수납'을 하는 것도 좋다. 숨겨 두고 싶을 경우 자주 사용하는 것은 안쪽이 깊은 수납장에 넣고 그다지 자주 사용하지 않는 것은 포장용 비닐에 싸서 싱크대 아래 빈 공간에 넣는다. 기대어 세워 놓을 때 지지대가 없는 불안정한 경우에는 북스탠드를 이용해도 좋다.

⬆ 선반 위는 적당한 공간을 확보

종류가 다른 식기를 앞뒤로 배열해서 수납할 경우에는 선반 높이의 공간도 중요하다. 선반 위까지 가득 식기를 넣어 버리면 사용할 때 바로 꺼낼 수 없다. 손에 든 식기를 유연하게 넣고 꺼내기 위해서는 언뜻 보기엔 쓸모 없다고 생각하는 선반 위 공간이 필요하다.

⬆ 자주 사용하는 것을 정리한다

어느 가정에나 자주 사용하는 식기는 정해져 있을 것이다. 이것을 수납장 한쪽 문을 열면 바로 꺼낼 수 있는 상태로 정리해 두면 편리하다. 위의 사진 가운데 A는 깔끔하게 정리되어 있지만 평소에 사용하는 것과 별로 사용하지 않는 것까지 함께 들어 있다. B는 왼쪽에 평소 사용하는 것을 정리한 예다. 왼쪽 문만 열면 언제나 그릇을 바로 꺼낼 수 있다.

27

앞치마 · 행주

벽에 구멍을 뚫고 싶지 않을 때는
문에 거는 고리를 이용하면 편리
하다.

심플한 자석 타입의 고리

🔷 앞치마는 시장 바구니와 함께 걸어 둔다

앞치마는 벗어서 바로 식탁 의자 등에 걸어 버리는 경우가 많은
데, 앞치마에도 '집'을 찾아 주자. 차곡차곡 개어 두는 것은 귀
찮으므로 그대로 보관할 수 있는 장소라면 역시 벽면이 좋다. 벽
에 고리를 달거나 공간이 없을 때는 문에 고리를 단다. 앞치마를
벗고 물건을 사러 나가는 것을 고려해 시장 바구니도 함께 걸어
두면 더욱 편리하다.

🔷 남는 앞치마는 잘 개서 서랍에

앞치마를 여러 개 가지고 있는 경우에는 넣어 둘 공간이 필요하
다. 여유가 있다면 수납장 서랍 하나를 앞치마 전용 공간으로 사
용해도 좋다. 그 안에 깔끔하게 개서 수납해 놓으면 된다.

수납장 작은 서랍에 식탁용 테이
블보나 러너를 개서 수납해 두면
꺼내기도 쉽고 보기에도 좋다.

핫플레이트

안쪽을 구부려 접어
테이프로 고정한다.

🔹 천 종류는 개서 서랍에

매일 갈아 주어야 하는 행주 종류는 서랍에 수납하는 것이 좋다.
사진은 하나의 서랍에 행주와 비닐 봉투 등을 수납한 것이다. 3종
류의 아이템을 세로로 구분했기 때문에 무엇이 들어 있는지 한눈
에 알 수 있고, 넣고 꺼내기도 편하다. 둥글게 접은 부분을 위로
향하게 하여 조금 넉넉하게 수납하면 꺼내기가 더욱 쉽다.

🔹 상자에 넣어 싱크대 아래에 세운다

핫플레이트는 테이블 위에서 사용하기 때문에 테이블 근처에
수납하는 것이 가장 좋다. 적당한 보관 장소가 없을 때는 부
엌 수납장에 넣어 둔다. 가로로 보관하는 것이 가장 좋지만
공간을 확보하기가 쉽지 않으므로 세워서 수납한다. 뚜껑과 함
께 안정적으로 보관하기 위해서는 상자에 넣어 보관하는 것이
요령. 구입했을 때 들어 있던 상자가 있다면 그것을 이용하고,
없을 때는 골판지 상자에 넣어 보관한다.

식품

◑ 적은 양씩 나누어 용기에 담아 안이 깊은 수납장에

비치용으로 보관해 둔 식품을 점검하여 유통 기한이 지난 것이나 건조 식품의 봉투가 있는지 없는지 여부를 조사해 정리 수납의 법칙에 따라 처리한다. 남은 것을 효율성 있게 수납하자. 수납장 안쪽이 깊은 경우 식품을 그대로 넣는 것은 금물. 수납장 깊이에 맞는 용기에 넣어 서랍처럼 활용하는 것이 좋다. 용기에 넣을 때는 식품을 종류별로 나누는 것이 포인트. 필요할 때는 식기 자체를 꺼내어 이용하면 된다. 그렇게 하기 위해서는 자주 사용하는 것은 꺼내기 쉬운 하단에 수납한다.

식품은 봉투에 넣은 채 세워서 보관하면 나중에 필요할 때 꺼내기가 쉽다. 종류별로 구분하여 넣어 두면 식품의 여유분을 파악하는 데도 편리하다. 상자에 다 들어가지 않는 것은 '소유하지 않는다'라고 생각하는 것도 방법.

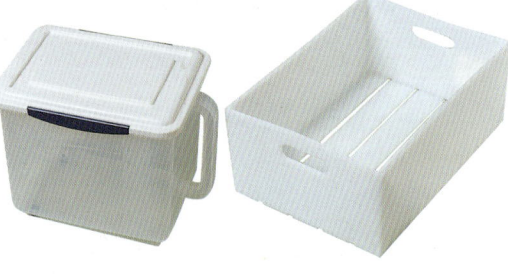

식품을 넣을 용기는 수납장 선반 안쪽 깊이에 맞춰서 고른다. 밖에서 보이지 않는 문이 달린 수납장의 경우 용기 디자인에 크게 신경 쓰지 않아도 된다. 다음 페이지에 나오는 선반처럼 '보이는 수납'의 경우에는 같은 느낌이 나도록 정리하는 것이 깔끔하다. 내추럴한 것에서 심플한 아크릴 소재, 철망 타입, 뚜껑 달린 것 등 종류도 다양하다.

🔵 깊이가 깊지 않은 선반을 식품 창고로

수납장에 선반을 둘 공간이 있을 때 꼭 권하고 싶은 것이 얕은 선반을 사용한 '보이는 수납'이다. 사진은 안쪽 깊이가 28cm인 선반이다. 식품을 중심으로 수납하지만 물건이 한눈에 보이기 때문에 사용하기가 편하다. 게다가 대부분이 움직임이나 1로서 바로 넣고 꺼낼 수 있다는 것도 매력이다. 보이는 식품 수납의 포인트는 식품을 종류별로 정리하는 것이다. 그리고 수납하려는 식품을 통일하여 예쁘고 기능적으로 보관하는 것이다.

사용한 식품을 선반에 둘 때는 투명 용기에 넣어 내용물을 바로 알 수 있게 한다. 위 그림 왼쪽 용기의 예.

냉장고 정리

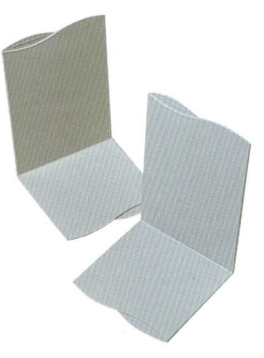

냉장고 수납에도 사용할 수 있는 북스탠드.
세우는 수납의 필수품.

⬆ 목적별·종류별로 정리

식품을 이용 목적에 따라 정리 수납하면 편리하다. 예를 들면, 아침식사 때 주로 사용하는 버터나 잼, 치즈, 요거트 등을 하나의 상자에 넣어 냉장고에 넣어 두고 이용하면 편리하다. 된장국에 들어가는 된장이나 국물 다시용, 두부 등을 한곳에 보관하거나 반찬으로 사용하는 비엔나소시지, 햄, 베이컨 등을 한곳에 보관해 두는 등 각각의 라이프스타일에 맞추어 세트 수납을 고려하면 좋을 것이다.

◆ 냉동 식품은 세워서 보관한다

냉동 식품을 냉동실에 넣을 때는 가득 채우지 않고 여유를 두는 것이 중요하다. 넣는 방법이 어찌됐든 세워서 수납한다. 그렇게 하기 위해서는 소스 등의 액체류나 고기 등의 상비품은 팩에 넣어 판처럼 펴서 수납할 것. 여기에 북스탠드를 받쳐 두면 꺼내기도 편리하고 남은 것을 정리할 때도 편리하다.

⬆ 보존 용기를 정리한다

남은 식품을 비닐 봉투에 넣은 채 그대로 보관하면 즙이 새어나올 수 있으므로 전용 보관 용기에 옮겨 냉장고 선반에 보관해야 한다. 이때는 가능하면 용기의 색상이나 크기를 통일하는 것이 좋다. 냉장고 안을 깔끔하게 보이게 하기 위해서라도 가능한 한 보존 용기를 통일할 것.

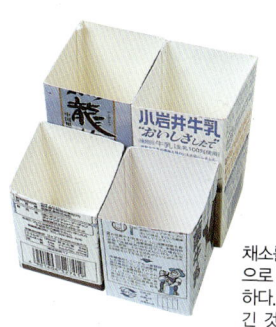

채소를 세워서 보관할 때는 우유팩으로 만든 칸막이를 이용하면 편리하다. 파나 셀러리, 오이 등(길이가 긴 것은 절반으로 자른다)을 랩에 싼 뒤 세워 넣으면 된다.

🔹 튜브 종류는 들어 있던 상자에 넣어 세워서 보관

고추장이나 고추냉이처럼 튜브형으로 된 제품을 넣을 수 있는 작은 포켓이 달린 냉장고가 늘고 있다. 그런 공간이 없을 때는 원래 제품이 들어 있던 상자를 테이프로 고정하여 포켓에 넣으면 된다.

🔹 음료수는 서랍에 세워서 보관

큰 페트병은 냉장고 문에 달린 포켓에 세워서 보관하고, 작은 것은 채소칸 앞에 세워서 보관하면 넣고 꺼내기가 편리하다.

🔹 채소는 칸막이로 세워서 보관한다

채소 칸은 공간이 넓은 만큼 복잡해질 우려가 있는 곳이기도 하다. 채소 이외의 것을 넣어도 좋지만 우선은 채소를 신선하게 보관하는 것이 가장 중요하다. 채소를 위로 포개 두면 아래에 있는 식품이 보이지 않아 결국에는 그것이 있는지조차 잊어버리게 된다. 채소 칸은 깊으므로 세울 수 있는 것은 세워서 수납하는 것이 좋다.

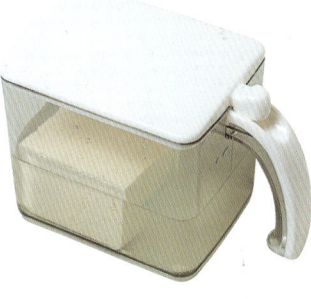

🔹 남은 두부는 조미료 통에 보관

두부를 원터치 타입의 뚜껑 달린 용기에 넣으면 한손으로는 뚜껑을 열고 다른 한손으로는 두부를 꺼내어 그대로 손바닥에 올려 부엌칼로 자를 수 있다.

세제 · 수세미

총 3개의 수세미를 끼울 수 있는 제품. 폭도 조절할 수 있다.

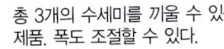
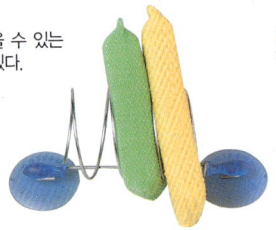

좋아하는 곳에 흡착판을 단 뒤 수세미를 끼운다.

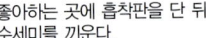

수납할 수 있는 자석 형태의 세제 고리. 스테인리스의 보조판 부착.

청결한 도자기 제품. 받침 접시가 붙어 있어서 물 빠짐도 좋다.

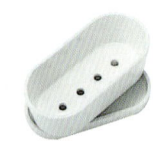

🔵 매일 사용하는 물건은 전용 케이스에 넣어 싱크대 옆에

싱크대에서 사용하는 세제와 수세미는 전용 케이스에 넣어 싱크대 옆에 두는 것이 기본이다. 중요한 것은 매일 사용하는 것만 바로 근처에 두고, 그다지 사용하지 않는 것은 싱크대 아래에 보관하는 것이다. 같은 제품이 몇 개씩 있으면 보기에 좋지 않다.

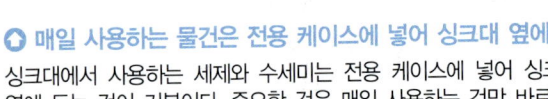

🔵 보존용은 싱크대 아래에

자주 사용하지 않는 세제나 여유분 수세미 등은 싱크대 아래에 넣어 둔다. 스테인리스나 플라스틱으로 된 용기에 넣어 싱크대 아래에 보관한다.

음식물 쓰레기 처리하기

음식물 쓰레기는 물기가 많아 부패가 빠른데 특히 여름에 냄새까지 신경이 쓰인다. 음식물 쓰레기를 수분이 없는 쓰레기로 처리하면 냄새 때문에 고민할 필요가 없다. 스테인리스 통과 버리는 신문지를 이용한 음식물 쓰레기 처리법을 알아보자.

뚜껑 달린 스테인리스 통과 폐신문지를 이용한다. 통의 깊이는 10cm 정도가 적당하다. 폐신문지를 1~2장씩 포개어 1/4로 접어 세워 두면 된다.

스테인리스통과 폐신문지를 놓을 가장 좋은 위치는 어디일까? 통은 싱크대 옆에 두고, 폐신문지는 싱크대 위 수납장이나 싱크대 아래에 보관하는 것이 좋다.

1
안이 깊은 스테인리스 통에 음식물 쓰레기를 넣는다. 바닥에 신문지를 깔아 둔다. 채소나 과일의 껍질을 벗길 때 가능한 한 젖지 않도록 통 위에서 작업한다.

2
음식물 쓰레기를 버릴 때는 통 바닥에 깔아 놓은 신문지를 펼쳐 놓은 다른 신문지로 옮긴다.

3
그대로 신문지로 싸서 쓰레기 봉투에 넣는다. 이렇게 하면 신문지가 수분을 흡수하기 때문에 쉽게 부패하지 않고 냄새도 줄일 수 있다.

분리 기능이 있는 다양한 쓰레기통 살펴보기

쓰레기는 기본적으로 가연재 · 불연재 · 재활용으로 나누어 분리할 수 있다. 불연재나 재활용 쓰레기에는 비닐이나 플라스틱, 캔, 병 등이 있다. 분리 기준은 조금씩 다르지만 쓰레기를 분류할 때 가장 중요한 것은 편리하게 분리할 수 있어야 한다는 것이다. 쓰레기를 분리할 장소를 만들고, 이에 적합한 용기를 준비해야 한다.

분리용 페달이 붙어 있어서 필요한 부분만 열 수 있다. 분리 표시가 되어 있고, 폴리에틸렌 봉투 홀더도 세트로 되어 있다.

깔끔해 보이는 스테인리스 제품의 쓰레기 봉투 홀더 사용하지 않을 때는 접어 둔다. 캠핑할 때 이용해도 좋다. 좁고 넓은 형태로 된 것도 있다.

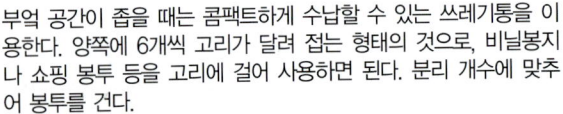

부엌 공간이 좁을 때는 콤팩트하게 수납할 수 있는 쓰레기통을 이용한다. 양쪽에 6개씩 고리가 달려 접는 형태의 것으로, 비닐봉지나 쇼핑 봉투 등을 고리에 걸어 사용하면 된다. 분리 개수에 맞추어 봉투를 건다.

↪ 쓰레기 봉투는 쓰레기통 바닥에

쓰레기통 바닥에 쓰레기 봉투 여유분을 보관해 두면 넣고 꺼내는 수고를 줄일 수 있다. 다음에 사용할 쓰레기 봉투가 바로 아래에 보인다는 것이 장점이다.

아래에 실린 것은 일본에서 시판되고 있는 다양한 기능과 디자인의 쓰레기통이다. 한국에서도 품질과 디자인이 뛰어난 제품들이 시중에서 유통되고 있다. 인터넷상에도 다양한 제품들이 소개되어 있으므로 골라 사서 생활이 깨끗해지는 재미를 누려 보자.

3분할 기능의 스틸 프레임에 폴리에스테르 커버가 붙어 있는 타입. 프레임에 쇼핑 봉투를 걸어두면 된다. 커버에 뚜껑이 달려 있어서 보기에도 깔끔하다. 사용하지 않을 때는 접어 둔다.

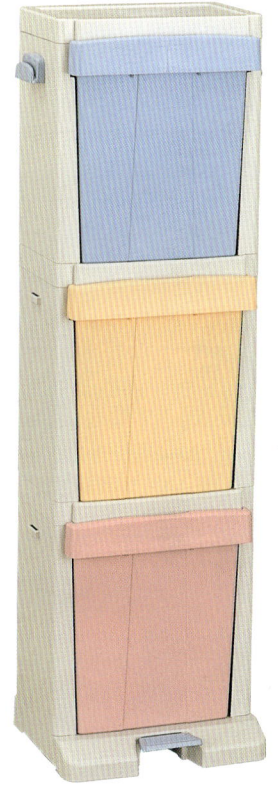

쉽게 녹슬지 않는 스테인리스 쓰레기통이 관리하기 쉽다. 페달을 누르면 뚜껑이 열리고 안쪽은 2개의 공간으로 나눠져 있다. 같은 디자인에 3개의 공간으로 나눠져 있는 형태도 있다.

색깔이 들어간 보관함은 쇼핑 봉투를 이용해 둘로 분할할 수 있도록 되어 있기 때문에 3개의 공간을 6개로 나눌 수 있다. 게다가 본체 옆에 쇼핑 봉투 등을 걸 수 있는 고리가 2개 붙어 있어 최대 8분할까지 가능하다.

쉽게 분리하고 싶다면 쓰레기 봉투를 쓰레기통에 고정할 수 있는 고리를 사용하면 편리하다. 언제 어디서나 분리 가능하기 때문에 휴대용으로 사용해도 좋다.

♻ 바퀴 달린 것이 편리

싱크대 주변에 쓰레기통을 설치할 수 없을 때는 자유롭게 이동할 수 있는 바퀴 달린 쓰레기통을 고르는 것이 요령. 바퀴가 달려 있지 않은 것에는 접착제나 양면 테이프로 간단하게 붙일 수 있는 바퀴를 단다.

칼럼 ② 우유팩으로 칸막이 상자 만들기

서랍 수납에는 칸막이가 필요하다. 전용 용품이 판매되고 있지만 서랍에 딱 맞는 것을 찾을 수 없을 때는 우유팩으로 칸막이 상자를 만들어 사용하면 된다. 우유나 주스, 차 등의 팩은 물이 스며들지 않기 때문에 의외로 편리하다. 안쪽을 깨끗하게 잘 닦아서 말린 뒤에 사용하면 된다.

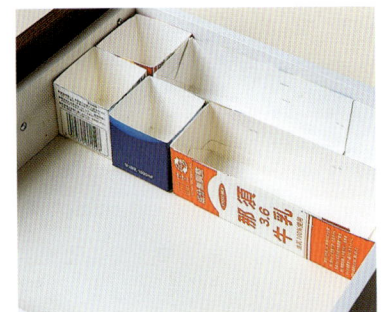

작은 상자

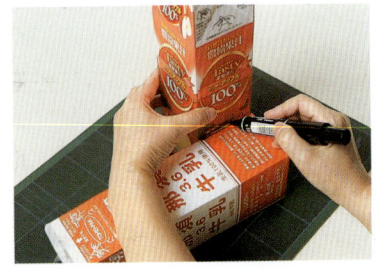

1 서랍 깊이에 맞추어 높이를 정한다. 여기서는 팩의 가로 폭과 같은 높이로 맞추기 위해 팩을 이용해 유성펜으로 표시했다.

2 표시에 맞추어 자를 대고 팩의 4면을 칼로 자른다.

3 팩의 바닥을 이용한 작은 칸막이 상자 완성.

긴 형태의 상자

1 팩 옆면의 한 변을 칼로 잘라 연다.

2 자를 대고 한 변을 잘라 낸다.

3 따르는 입구 부분을 가위로 자른다 (처음에 입구 부분을 잘라도 좋다).

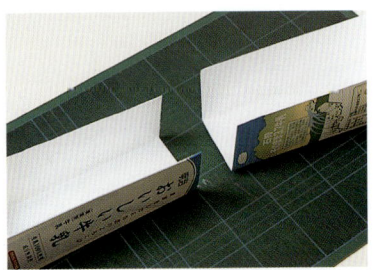

4 같은 형태를 1개 더 만든다.

5 2개를 합쳐 서랍 사이즈에 맞추어 조정한다. 사이즈가 결정되면 스테이플러나 테이프로 두 팩을 고정한다.

거실

거실은 가족 모두가 공유하는 공간이기 때문에 공동으로 사용하는 물건이 많다. 특히 비디오테이프나 CD, 신문 · 잡지 · 문구류 · 약 · 재봉 도구 등은 가족이 함께 사용한다. 하지만 모두 '누군가가 정리할 것' 이라고 생각하기 때문에 거실을 깔끔하게 유지하기란 쉽지 않다. 거실을 마음 편한 공간으로 만들기 위해 1단계부터 5단계까지 순서대로 실행해 보자. 작은 문구류 하나에도 '집' 이 필요하다. '집' 은 있는데 정리되지 않을 경우에는 넣는 방법에 문제가 있을지도 모른다. '집' 이 사용하는 장소에서 떨어져 있을 때는 가능한 한 근처로 옮기는 것이 좋다. 이렇게 해야만 사용한 물건을 원위치도 되돌려 놓을 때 수고를 줄일 수 있다.

   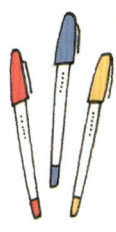 

가족이 공유할 수 있는 선반을 준비한다

거실에는 일반적으로 테이블이 놓여 있다. 다목적 공간이기 때문에 숙제를 하거나 가계부를 쓰거나 컴퓨터를 사용하는 등 개인 소유물이 늘어나기 쉽다. 여기에 가족 수만큼 전용 선반을 설계하면 거실이 한결 깔끔해진다. 선반을 두는 위치는 테이블 근처로 하고, 지저분해지기 쉬우므로 손님 눈에 잘 띄지 않는 장소가 이상적이다.

거실과 식당 사이를 구분하는 가구를 놓은 경우에는 테이블 쪽을 향해 선반을 준비한다.

가족이 함께 사용하는 물건은 목적별로 수납

거실 안에 문이 달린 수납 공간이 있는 경우에는 가족 모두가 사용하는 물건을 넣어 두는 것이 좋다. 설치할 여유가 없을 때는 가능하면 근처에 공유 물건을 넣을 수 있는 공간을 확보해 둔다. 그리고 수납장 안쪽은 목적별·종류별로 정리해 상자에 넣는 방법을 철저히 지킬 것. 상자에 이름을 붙여 두면 누가 봐도 어디에 무엇이 들어있는지 한눈에 알 수 있어 편리하다. 사용하고 난 뒤에는 원래 있던 곳에 그대로 놓자고 규칙을 정한다.

문이 있어 안이 보이지 않는 경우에도 수납 용기를 정돈하면 깔끔하고, 처음 정리된 상태로 되돌리기 쉽다.

신문·잡지

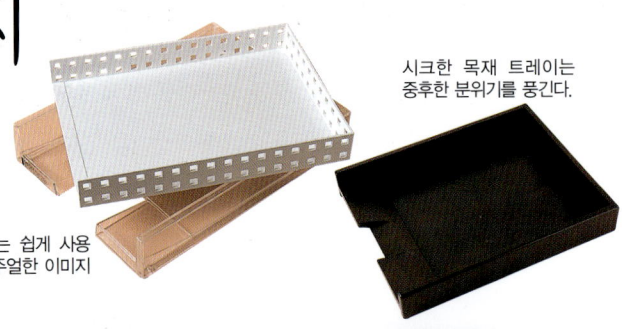

시크한 목재 트레이는
중후한 분위기를 풍긴다.

플라스틱 트레이는 쉽게 사용
할 수 있다는 캐주얼한 이미지
를 준다.

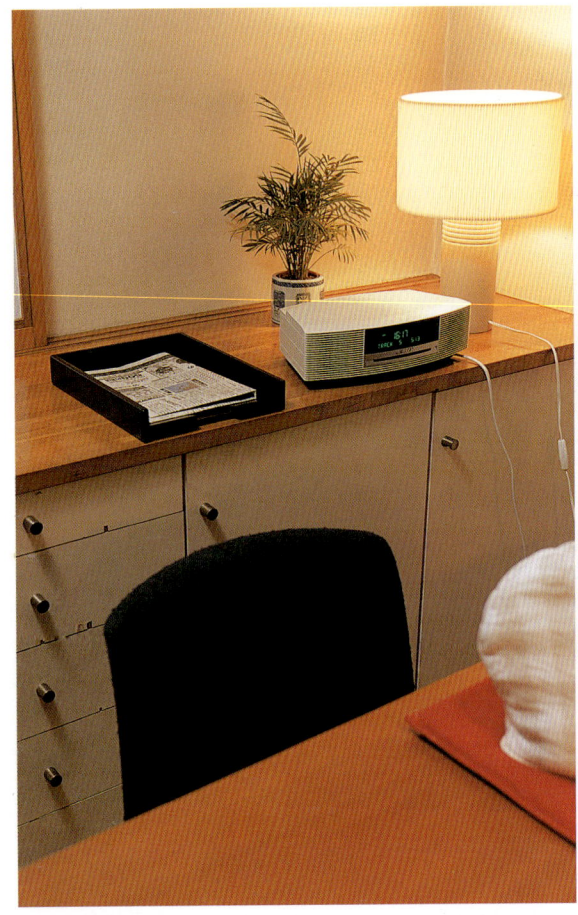

스타일리시한 잡지 보관함은
인테리어 효과도 발휘한다.

⬆ 읽을거리는 함께 둔다

다 읽은 신문이나 잡지를 두는 장소는 정해져 있어도 테이블이나
소파 위에 놓는 경우가 많다. 문제는 몇 장 또는 몇 권이 될 경우
눈 깜짝할 사이에 지저분해진다는 것. 모든 것에 '집'을 정해 주
는 것이 기본이므로 신문이나 잡지에도 보관 장소를 정해 주자.
트레이나 심플한 보관함을 권한다. 테이블이나 소파 근처에 두면
쉽게 눈에 들어오기 때문에 정리하려는 마음이 저절로 들 것이다.

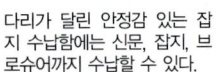

다리가 달린 안정감 있는 잡
지 수납함에는 신문, 잡지, 브
로슈어까지 수납할 수 있다.

다 읽은 것은 전용 케이스에 정리한다

다 읽은 신문이나 잡지 등을 재활용 쓰레기로 버리는 경우가 많은데, 한곳에 정리 보관해 두면 좋다. 하루에도 몇 번씩 넣게 되므로 가능하면 거실에 수납하는 것이 가장 좋다. 수납할 때는 전용 케이스나 봉투에 잘 포개 넣으면 된다.

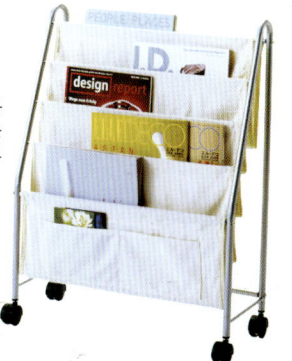

내추럴한 면 소재로 된 잡지 수납함. 프리 포켓 5개와 작은 주머니 2개가 달려 있어 20~30권 정도의 잡지는 거뜬히 수납할 수 있다. 바퀴가 달려 있어 이동하기도 쉽다.

신문이나 잡지 수납용으로 고안된 보관함 세트. 앞 뒤에 신문이나 잡지를 넣을 수 있다. 위 상자에는 끈이나 가위를 넣어도 좋다.

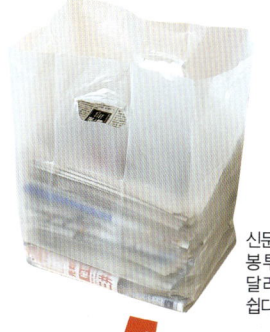

신문 사이즈의 비닐 봉투로, 손잡이가 달려 있어 이동이 쉽다.

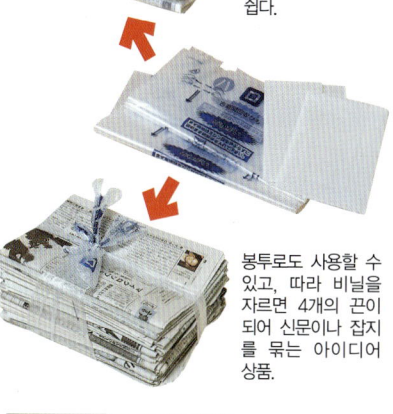

봉투로도 사용할 수 있고, 따라 비닐을 자르면 4개의 끈이 되어 신문이나 잡지를 묶는 아이디어 상품.

신문과 잡지를 나누어 수납할 수 있고, 선반 바닥에 각각 끈을 댈 수 있는(아래 사진) 홈이 파여 있어 정리하기도 쉽다. 끈도 쉽게 묶을 수 있다.

신문 수납 봉투를 이용해서 만든 손으로 만든 수납함. 앞 부분을 잘라 두면 가로로도 넣기 쉽다.

신문이나 잡지, 사무용 종이 등을 분류해서 간단하게 재활용할 수 있는 보관함. 전면의 문을 열고 닫을 수 있기 때문에 넣고 꺼내기가 쉽다. 아래 케이스에는 신문이나 잡지를 묶을 수 있는 끈고리가 붙어 있다.

가족 서류

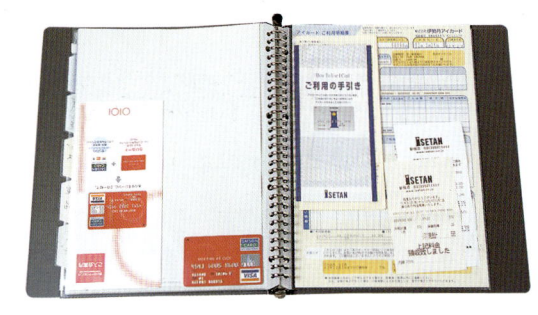

⟳ 공공 요금 또는 카드 대금 청구서

신용 카드 청구서나 명세서를 각종 카드에 정리. 카드의 사용 규칙과 함께 카드 사용에 관한 메모를 넣어 두고 명세서가 도착하면 조회해서 메모는 폐기한다.

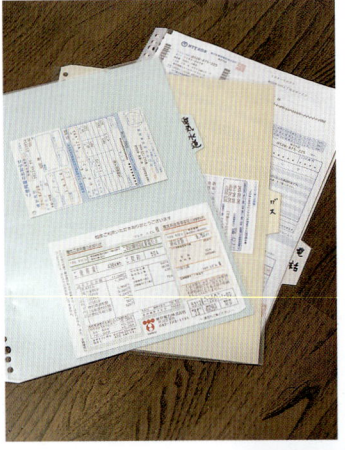

매달 도착하는 공공 요금 용지는 영수증용 파일을 만들어 수납한다. 가스, 전기, 수도, 전화 요금별로 각각 나누어 파일을 정리한다.

⟳ 보관하고 싶은 스크랩 정보

신문이나 잡지 스크랩, 상품 브로슈어나 카탈로그 등은 장기간은 아니더라도 어쨌든 보관해 두고 싶은 것 중 가운데 하나다. 이런 것들은 보고 싶을 때 바로 꺼내 볼 수 있도록 폴더에 제목을 붙여 넣어 두는 것이 좋다. 보관만 하지 말고 가끔씩 정리해서 불필요한 것은 폐기한다.

⬆ 모든 서류를 파일에 정리한다

영수증, 보험증, 확정 신고 서류, 보험 증서 등의 각종 중요 서류를 빈 상자에 포개어 두면 아래에 있는 서류가 보이지 않아 만일의 경우 필요한 것을 바로 꺼내 쓸 수 없다. 사진에서처럼 서류를 종류별로 파일에 정리해 제목을 붙여 두자. 만들어진 파일은 가능하면 우편물을 개봉하는 장소 근처에 보관 장소를 만드는 것이 좋다.

⬆ 각종 보험 관련 서류

보험 서류도 한 권으로 정리해 두면 편하다. 생명보험·화재보험·차량보험 등 항목별로 인덱스를 만든다. 생명보험은 증서 한 장에 붙이고 포켓 하나를 준비하여 증권과 약관을 함께 보관하면 편하다. 차량 보험은 새것이 도착할 때마다 전년도분을 폐기하면 서류가 마구 늘어나지 않는다. 파일을 정리하다 보면 보험에 관한 것이나 변경된 계약 사항 등이 매년 비슷한 시기에 도착한다는 것을 알 수 있을 것이다.

연하장으로 주소록을 만든다

연하장을 주소록으로 활용할 수 있다. 먼저, 올해 도착한 연하장을 ㄱ, ㄴ, ㄷ, ㄹ… 순으로 나누어 파일에 각각 인덱스를 붙여 1장씩 파일 포켓에 넣는다. 작년에 도착한 것부터 정리할 경우에는 그것을 금년 연하장 아래에 넣는다. 연하장 외에 초대장 등도 같은 사람의 포켓에 포개어 놓는다. 이렇게 하면 주소록을 따로 정리하지 않아도 연하장이 주소록 역할을 한다.

가나다순으로 나눈다.

〈예〉
성춘향 홍길동

A4
사이즈

그 후에 도착한 홍길동 씨의 엽서는 위에 포개어 넣는다.

이사했습니다.

엽서 크기보다 큰 사이즈를 넣을 때는 다른 포켓을 준비한다. 예를 들어 홍길동 씨라면 해당 페이지 바로 뒤에 넣는다.

A HAPPY NEW YEAR

Merry Christmas

• 주소
• 이름
• 관련사항

연하장을 주고받지 않는 사이일 경우에는 엽서 크기의 카드를 사용하여 1인 1포켓씩 확보해 둔다.

다음 해가 되면 버리기 힘든 것을 제외하고는 모두 폐기한다.

CD·DVD·비디오테이프

4개의 칸으로 구분되어 있는 박스. CD에 딱 맞는 사이즈로 약 60장 정도 수납이 가능하다.

하얀 목재의, 슬림한 멋이 있는 CD 장식장. 밖에 5장, 가운데에 230장의 CD를 수납할 수 있다.

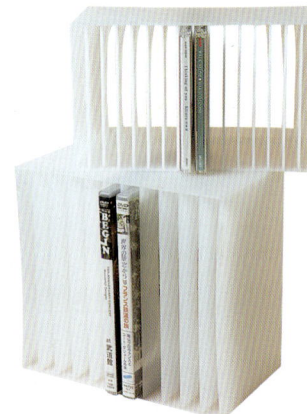

하얀 플라스틱 재질의 콤팩트한 케이스. 위쪽은 CD용으로 15장의 CD를 수납하고, 아래쪽은 DVD 용으로 10장의 DVD를 수납할 수 있다. 세로로 쌓거나 가로로 늘어놓을 수도 있다.

🔼 비디오테이프는 상자에 넣어서 서랍에

CD나 DVD, 비디오테이프 등은 거실에 둘 수 있는 공간에 따라 한 사람당 몇 장 등으로 기준을 정해 가능하면 각자의 방에서 관리하는 것이 가장 좋다. 모아 놓은 것을 TV대 아래에 넣을 경우에는 딱 맞는 상자에 제목이 보이도록 하여 넣으면 된다. TV 아래쪽은 일반적으로 안이 깊으므로 서랍 형태의 상자를 준비하는 것이 좋다. 플라스틱보다는 종이로 된 것이 쉽게 꺼낼 수 있을 뿐만 아니라 재질이 뻑뻑하지 않아 부드럽다. 손잡이나 손가락을 넣을 수 있는 구멍이 뚫려 있으면 더욱 편리하다.

🔽 인테리어 기능까지 갖춘 전용 케이스

필요한 물건을 바로 꺼내기 위해서는 역시 '보이는 수납'이 가장 좋다. 엄선한 CD나 DVD를 케이스에 넣어 두는 것도 좋다. 수납할 수 있는 수량이 정해져 있기 때문에 새로운 것을 구입할 때마다 많이 듣지 않는 앨범은 다른 곳에 옮겨 둔다.

거실 ④

약

자주 사용하는 약은 가족의 눈에 잘 띄는 부엌이나 식당에 놓는다. 단, 어린아이가 있는 가정에서는 아이의 손에 닿지 않는 곳에 두도록 한다.

자주 사용하지 않는 약은 다른 장소에 보관한다. 유효 기한을 정기적으로 점검하고 기한이 지난 것은 폐기한다.

안이 깊은 바구니를 이용하면 사이즈가 큰 약도 숨길 수 있어서 방에 놓았을 때도 깔끔하다. 손잡이가 둘려 있어서 움직이기도 편리하다.

약 상자의 뚜껑을 여는 일은 의외로 귀찮다. 쉽게 꺼낼 수 있도록 상자의 윗부분을 잘라 두면 좋다.

🔼 자주 사용하는 약은 뚜껑 없는 바구니에 보관

상비약의 경우 '자주 사용하는 것'과 '가지고 있으면 안심'이 되는 것에 따라 수납 장소가 달라진다. 우선 약을 2개의 형태로 분류하자. 지금 복용하고 있는 약, 응급 반창고·위장약·보조제처럼 '자주 사용하는 약'은 넣고 꺼낼 때 움직임 수가 가능하면 적어야 한다. 뚜껑이 없는 바구니 등에 넣어 가족들 눈에 띄는 곳에 두는 것이 좋다. 바구니에 손잡이가 달려 있으면 들 때도 편리하다.

🔼 '가지고 있으면 안심'이 되는 약은 수납 상자에 세워서 보관

일 년에 한두 번밖에 사용하지 않는 약도 있지만 가지고 있는 것만으로 안심이 되는 약도 있다. 이런 것은 '자주 사용하는 약'과 구분하여 서랍 등에 수납한다. 이 경우에도 한눈에 어떤 약인지 알 수 있게 하기 위해 세워서 수납하는 것이 포인트. 큰 것에 맞추어 수납 상자를 고르는 것이 좋다.

문구류

펜이나 지우개, 가위, 스테이플러, 커터 칼처럼 자주 사용하는 것은 정리해서 전용 용기에 넣어 둔다. '보이는 수납'이 되므로 인테리어 기능도 고려해야 한다. 넣고 꺼내는 것을 고려해 지우개처럼 작은 것을 넣을 수 있는 공간이 있는 연필꽂이를 사용하면 편리하다. 사진의 연필꽂이는 깊고 얕음이 구분되어 있어 깊은 공간에는 펜이나 가위를 넣고, 얕은 공간에는 지우개나 포스트잇 등을 넣을 수 있다.

⬆ 사용하는 필기 도구는 한곳에

펜이나 지우개, 가위, 스테이플러, 커터 칼처럼 자주 사용하는 것은 정리해서 전용 용기에 넣어 둔다. '보이는 수납'이 되므로 인테리어 기능도 고려해야 한다. 넣고 꺼내는 것을 고려해 지우개처럼 작은 것을 넣을 수 있는 공간이 있는 연필꽂이를 사용하면 편리하다. 사진의 연필꽂이는 깊고 얕음이 구분되어 있어 깊은 공간에는 펜이나 가위를 넣고, 얕은 공간에는 지우개나 포스트잇 등을 넣을 수 있다.

⬆ 전화기 주변을 잘 활용하자

무선 전화기도 두는 장소가 정해져 있을 것이다. 그런데 그 주변은 대부분 메모할 수 있는 도구나 전화번호 수첩, 달력, 음식점 메뉴판, 아이들이 학교에서 받아오는 인쇄물 등으로 어질러져 있다. 전화기 주변에 이런 것들을 정리해 수납할 수 있는 가구가 있다면 유용하다. 전화기대를 새로 설치할 경우에는 전화번호 수첩이나 파일 등을 넣는 선반과 문구류 등 잡다한 것을 수납할 수 있는 서랍이 달린 것을 고른다.

◆ 손톱깎이, 귀이개는 '보이는 수납'

가족이 함께 사용하는 손톱깎이나 귀이개
도 전화기 주변에 두는 것이 좋다. 사용
후 그대로 방치해 두기 쉬워 정작 필요할
때는 찾기 어려운 경우가 많다. 그러므로
가능하면 단순하게 수납해야 한다. 연필
꽂이처럼 구분되어 있는 케이스에 넣되,
길이가 짧은 손톱깎이를 세워 둘 경우에
는 안으로 빠지지 않도록 무언가를 채워
넣은 뒤 그 위에 올린다.

서랍에 물건을 수납할 때는
칸막이가 기본이다. 서랍
사이즈에 맞추어 칸막이 상
자를 준비하고 아이템에 따
라 분류하여 효율적으로 수
납한다. 안이 깊은 서랍의
경우 투명한 상자는 내용물
이 보이기 때문에 2단으로
쌓아도 사용하는 데 어려움
이 없다.

◆ 비치용 문구류는 서랍에

문구류는 필요한 것만 밖에 꺼내 놓고 비치
용은 서랍에 정리해 둔다. 펜이 없거나 스
테이플러 심이 떨어졌다며 사러 나가기 전
에 서랍을 확인하는 습관을 들이면 있는 물
건을 또 사는 일은 없을 것이다. 가능하면
쌓아 두지 않아야 가족 중에 누가 봐도 한
눈에 남아 있는 양을 파악할 수 있다.

자잘한 소품을 수납하는 데 편리한 연필꽂이. 손톱깎이나 스테이플러,
지우개처럼 자잘한 것을 함께 수납할 경우 칸막이로 구분되어 있으면
소중히 다룰 수 있다. 두꺼운 종이로 칸막이를 만들어 사용하면 더욱
좋다.

리모컨

접착 용품

시크한 목재 소재의 리모컨 박스에 세워서 수납한다. 리모컨을 사용할 장소에 둔다.

❍ 트레이나 전용 케이스에 세워서 수납

리모컨은 사용한 뒤 방치해 두는 경우가 많다. 소파나 식탁 위, 응접실 테이블 등 어디에 리모컨을 가장 많이 두는지를 점검해 보고 그 근처에 리모컨 둘 장소를 정하면 된다. 리모컨이 여러 개 있는 집에서는 시판되는 리모컨 케이스를 사용하는 것이 좋다.

❍ 접착 용품은 한꺼번에 정리해서 상자에 담아 둔다

물건을 둘 장소를 정할 때 용도가 비슷한 것끼리 한데 모아 정리해 두면 편리하다. 이것을 가리켜 '관련 수납'이라 한다. 관련 수납을 하면 동선이 부드러워지기 때문에 꺼내기 → 사용하기 → 치우기의 과정이 원활해진다. 접착 용품의 경우에는 고무 테이프, 셀로판 테이프, 끈, 가위, 택배용지, 펜 등을 상자에 넣어 한꺼번에 정리해 두는 것이 좋다.

거실 ⑧ 다리미·다리미판

거실 ⑨ 게시판

🔸 거실에서 사용할 경우에는 거실에

다림질이 귀찮은 이유 가운데 하나는 다림질 도구를 꺼내는 것이 번거롭기 때문이다. 다리미는 다림질하는 장소에 두는 것이 가장 좋다. TV를 보거나 가족과 이야기를 나누면서 다림질을 하고 싶다면 거실 수납 공간에 보관한다. 단, 이때는 다리미 외에 다리미판이나 분무기, 그 밖에 다림질에 필요한 물건을 넣을 수 있는 공간이 확보되어 있는지를 먼저 살펴볼 것. 다리미판의 크기에 따라서 거실에 수납할 수 없는 경우도 있기 때문이다. 이럴 경우에는 가능한 한 가까운 공간을 찾아 수납한다.

🔸 게시판을 붙인다

학교에서 받은 알림장이나 세일 전단지, 전람회 안내장 등은 파일에 보관해 두면 그대로 잊혀지기 쉽다. 이처럼 보이는 수납을 해야 하는 물건의 경우에는 게시판에 붙여 두는 것이 좋다. 코르크 판으로 된 것이 편리하지만 프레임이 달려 있거나 시트 타입으로 된 것도 있다. 게시판에 많은 자료를 붙일 때는 밑에서부터 조금씩 비켜 핀으로 고정하면 효율적이다. 벽에 붙이는 방법이 보편적이지만 전화기대에 세워 놓아도 상관없다.

장난감

☝ 거실에 장난감 코너를 만든다

장난감이 거실을 어지럽히는 원인 가운데 하나는 아이가 노는 범위 내에 장난감을 보관할 장소가 없기 때문이다. 물론 연령에 따라 차이가 있겠지만 장난감 보관 장소가 거실에서 떨어진 2층이 아이방일 경우 깔끔한 상태를 바라는 것은 무리다. 어른이 귀찮다고 느끼는 것은 아이도 똑같이 귀찮다. 엄마가 언제나 볼 수 있는 거실에 아이의 장난감을 보관해 둘 수 있는 공간을 만들어 준다.

공간에 맞춰 오픈 선반을 설치하여 아이 전용 수납 공간으로 이용하면 된다. 그리고 그 앞에 작은 매트를 깔고 아이가 '자신의 공간'이라고 느낄 수 있는 공간을 확보해 주는 것이다. 눈앞에 장난감을 넣을 공간이 있으면 아이도 쉽게 정리할 수 있다. 사진에서는 컬러박스와 자잘한 미니카 등을 넣는 트레이식 수납 케이스를 사용했다.

과자

컬러박스를 가로로 사용하면 커다란 그림책도 수납할 수 있다. 아이가 좋아하는 그림책은 엄선해서 선반에 넣고, 넣을 수 없는 것은 별도의 공간에 관리하면서 가끔씩 바꿔 주면 된다.

모르는 사이에 늘어나 버리는 봉제 인형. 수가 많을 때는 바구니를 준비하여 봉제 인형 전용 공간으로 사용한다. 늘 보이기 때문에 아이도 쉽게 정리할 수 있다.

4칸으로 구분된 멀티 박스로, 뉘어도 좋고 세워도 좋다. 과자를 넣을 때는 뉘어서 보관한다.

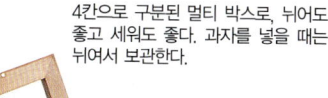

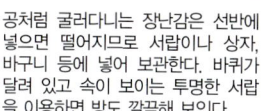

공처럼 굴러다니는 장난감은 선반에 넣으면 떨어지므로 서랍이나 상자, 바구니 등에 넣어 보관한다. 바퀴가 달려 있고 속이 보이는 투명한 서랍을 이용하면 방도 깔끔해 보인다.

미니카처럼 작은 물건은 큰 상자에 넣으면 파묻혀 버린다. 기능적이면서 보기에도 좋은 트레이식 수납 케이스를 권한다.

🔼 과자에도 '집'이 필요하다

과자를 꺼낸 채로 두는 것을 막기 위해서는 먹는 장소 옆에 수납하는 것이 좋다. 거실이라면 사이드 보드나 식기 선반 등에 만들면 된다. 두는 곳을 하나로 통일하여 양을 관리할 수도 있다.

세탁물

가족 모두가 편안하게 앉아 쉴 수 있는 거실 소파에는 언제나 세탁물이 산처럼 쌓여 있다. 바로 수납할 수 없다면 다음과 같은 방법으로 세탁물을 처리하자.

바구니를 이용해 정리한다

1
가족 수 + 1(가족이 함께 쓰는 수건 등을 넣는다)에 맞추어 벗어 놓은 옷을 담을 바구니를 준비한다. 바구니는 색상을 달리해도 좋고, 같은 색일 경우 이름을 써 놓으면 편리하다. 세탁물을 걸을 때는 바구니를 발 밑에 나란히 둔 뒤에 세탁물을 걷어 각각의 바구니에 넣으면 된다. 시간이 있을 때는 순서대로 갠다.

＊ 아이의 나이에 따라 그대로 바구니를 맡겨 스스로 정리 수납 하게 한다.

2
시간이 없을 때는 갤 시간이 생길 때까지 바구니를 가볍게 포개어 방해되지 않는 장소에 둔다.

3
세탁물을 걷어 놓은 바구니는 한 사람분씩 갠다. 분류할 필요가
없어서 TV를 보면서도 할 수 있다.

4
다 갠 세탁물은 다시 같은 바구니에 넣어 각자의 방으로 들고
간다.
*다 사용한 바구니는 탈의실에 포개 둔다.

보자기를 이용해 정리한다

1
커다란 시트나 보자기 등을 건조대 근처에 준비한다. 시트를
펼친 뒤 그 위에 세탁물을 놓는다.

2
시트의 각 모서리를 싸서 서랍장 앞으로 가져간다. 시간 여
유가 있다면 바로 개서 수납한다.

3
시간이 없을 때는 시간이 날 때 개서 바로 수납한다. 수납할
때 세탁물의 '집'이 눈앞에 있기 때문에 처리하는 것이 귀찮
지 않다.

컴퓨터

⬆ 가족이 함께 사용하는 공간에는 콤팩트한 노트북을

컴퓨터는 본체는 물론 프린터·키보드·마우스·스캐너 등의 주변 기기가 있기 때문에 공간을 많이 차지한다. 가족 공용일 경우에는 두는 장소를 전한 뒤에 구입하는 것이 좋다. 가족이 함께 사용하는 공간인 거실에 놓을 경우에는 장소를 많이 차지하지 않는 노트북 컴퓨터를 놓고, 거실 한 구석에 '집'을 확보해 둘 것. 프린터까지 놓을 장소를 고려한다면 컴퓨터와 프린터를 함께 수납할 수 있는 전용 수납 가구를 이용하는 것이 좋다. 다양한 종류가 시판되고 있으므로 인테리어까지 고려하여 유용한 것을 고르면 된다.

⬆ 키보드를 주로 사용한다면 세로의 폭이 넓은 책상에

노트북 컴퓨터는 작은 공간에서도 사용할 수 있다. 하지만 데스크톱 컴퓨터라면 세로 폭이 60cm 이상인 테이블이나 책상에 두는 것이 좋다. 폭이 넓으면 팔에 무리가 덜 갈 뿐만 아니라 서류도 펼쳐 놓고 볼 수 있다. 책상 위의 세로 폭만으로 부족한 경우에는 책상 뒤에 책장을 두어 세로 폭을 늘리는 것도 좋은 방법이다.

업무용으로 사용할 때는 서재에

업무 등 오랜 시간에 걸쳐 컴퓨터를 사용할 경우에는 작업실에 두는 것이 업무 집중력을 높여 준다. 공간에 맞춰 정하겠지만 모든 컴퓨터 용품을 책상에 줄지어 놓는 것보다는 쉽게 정리할 수 있도록 한 컴퓨터용 책상을 구하여 효율적으로 수납하는 것도 좋다. 수납 가구를 구입하기 전에는 반드시 수납하고 싶은 물건의 수량과 사이즈를 정확하게 파악하는 것이 중요하다. 컴퓨터나 주변 기기를 교체할 때도 반드시 기억해 두고 고른다.

데스크톱 컴퓨터에 편리한 수납 가구. 모니터 사이즈에 맞추어 폭을 5단계로 조절할 수 있는 유용한 제품이다. 선반에는 서류도 올려둘 수 있다.

시크한 천연목 가구는 좌식이나 입식 모두에 잘 어울린다.

칼럼③ 옷 결정 차트

옷이 늘어나면 서랍장에 무엇이 들어 있는지 알 수 없다. 그렇기 때문에 계절이 바뀔 때마다 새로운 옷을 사고, 그로 인해 옷이 계속 늘어나는 악순환이 반복되는 것이다. 입지 않는 옷을 그대로 두면 정리할 수 없다. 쇼핑을 삼가고, 입지 않는 옷을 정리해 보자. 포인트는 15분 또는 30분이라고 시간을 미리 정해 놓는 것이다. 그리고 '오늘은 오른쪽 옷장만 정리한다'라고 범위를 정해 놓고 시작한다. 또한 옷을 전부 꺼내지 말고 골라낼 것. 이 세 가지가 중요하다. 골라낼 때는 버릴 것인지, 버리지 말 것인지를 고민하게 되는데, 마음의 정리를 위해서는 옷 결정 차트를 이용해 보자.

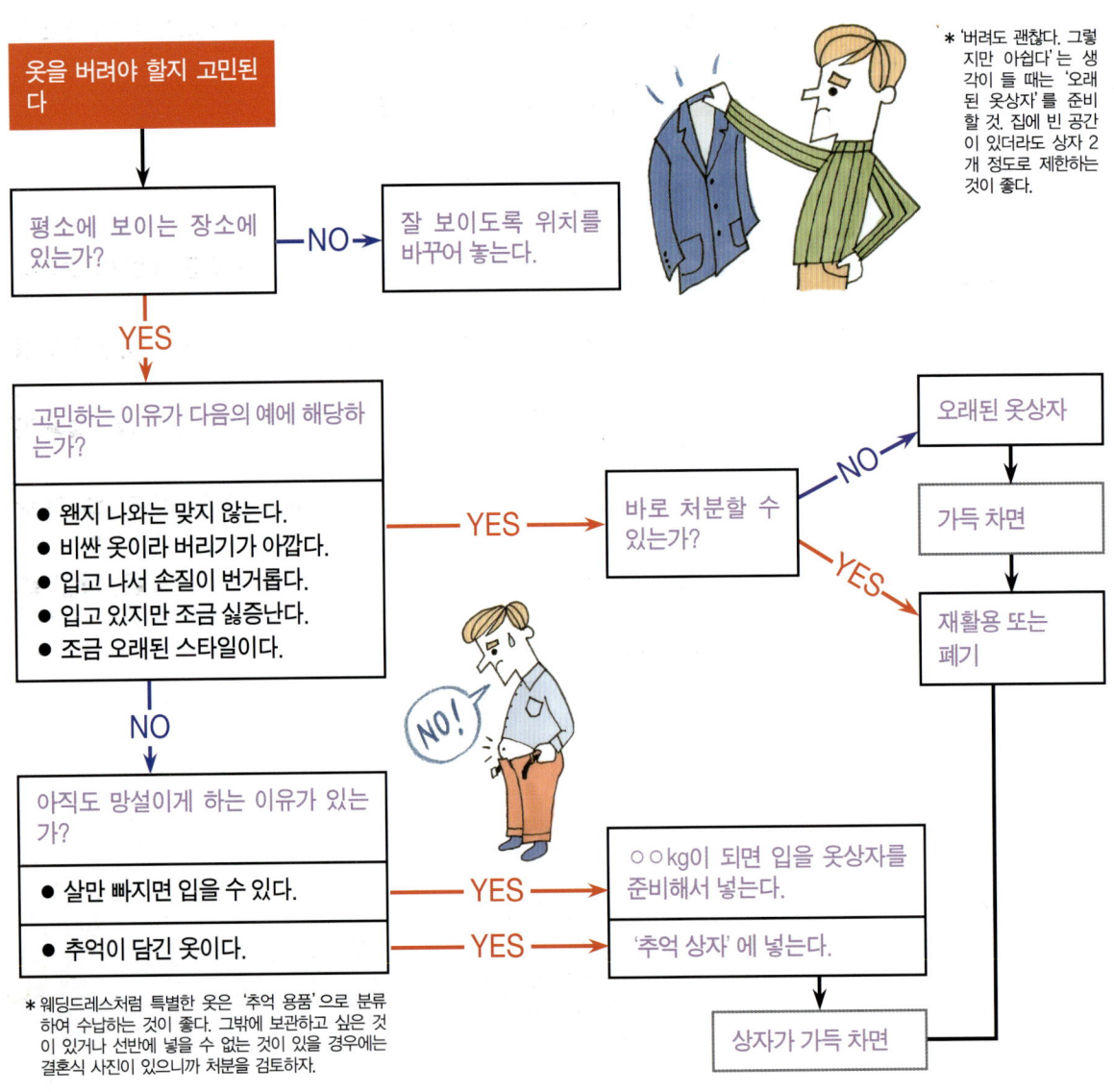

옷을 버려야 할지 고민된다

평소에 보이는 장소에 있는가? —NO→ 잘 보이도록 위치를 바꾸어 놓는다.

↓ YES

고민하는 이유가 다음의 예에 해당하는가?
- 왠지 나와는 맞지 않는다.
- 비싼 옷이라 버리기가 아깝다.
- 입고 나서 손질이 번거롭다.
- 입고 있지만 조금 싫증난다.
- 조금 오래된 스타일이다.

—YES→ 바로 처분할 수 있는가?
- —NO→ 오래된 옷상자 → 가득 차면 → 재활용 또는 폐기
- —YES→ 재활용 또는 폐기

↓ NO

아직도 망설이게 하는 이유가 있는가?
- 살만 빠지면 입을 수 있다. —YES→ ○○kg이 되면 입을 옷상자를 준비해서 넣는다.
- 추억이 담긴 옷이다. —YES→ '추억 상자'에 넣는다.

→ 상자가 가득 차면

* '버려도 괜찮다. 그렇지만 아쉽다'는 생각이 들 때는 '오래된 옷상자'를 준비할 것. 집에 빈 공간이 있더라도 상자 2개 정도로 제한하는 것이 좋다.

* 웨딩드레스처럼 특별한 옷은 '추억 용품'으로 분류하여 수납하는 것이 좋다. 그밖에 보관하고 싶은 것이 있거나 선반에 넣을 수 없는 것이 있을 경우에는 결혼식 사진이 있으니까 처분을 검토하자.

58

옷장

의류는 보통 옷장이나 양복 서랍장, 정리 서랍장, 수납 선반 등에 수납한다. 여기서부터는 전반적인 의류 수납법을 소개하고자 한다. 서랍장을 단독으로 두었을 경우, 침실에 두었을 경우, 붙박이장이 있는 경우 등 각 가정에 따라 의류를 수납하는 형태는 다양할 것이다.

옷장의 기본은 문이 달려 있고 사람이 안에 들어갈 정도로 큰 공간이다. 보기에도 산뜻하고 수납도 많이 할 수 있다는 것이 장점이다. 하지만 '많이 넣을 수 있으니까 의류 수납은 걱정하지 않아도 된다' 고 생각하면 오산. 오히려 얼마 가지 않아 가득 차게 되어 정작 입어야 할 순간에 필요한 옷을 꺼낼 수 없게 될 수도 있다. '공간 = 정리 수납' 이라는 공식은 없다. 입지 않는 의류를 처분했다면 어떻게 수납할지를 생각해 보자.

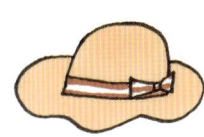

의류 수납의 기본은 옷걸이봉, 수납 선반, 서랍을 효과적으로 활용하는 것

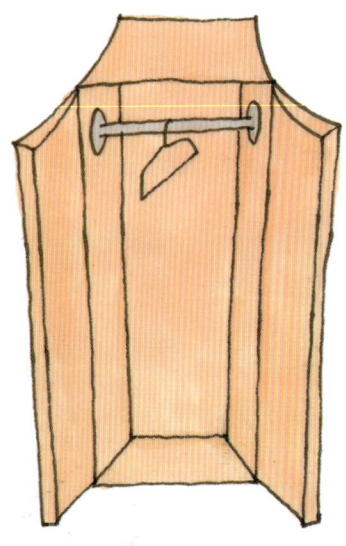

옷걸이봉

일반적으로 옷장에는 옷걸이봉이 달려 있다. 당연한 말이지만 여기에는 옷걸이에 걸 수 있는 옷들을 걸면 된다. 코트나 재킷, 스커트, 바지, 블라우스처럼 개 놓으면 주름이 생겨 곤란한 것은 옷걸이에 걸어 수납한다.

수납 선반

의류 중에는 개 놓는 것이 좋은 것도 있다. 스웨터 등의 니트나 트레이닝복은 옷걸이에 걸어 두면 오히려 형태가 변하고, 서랍에 보관할 경우 공간이 금방 가득 찬다. 스웨터나 트레이닝복은 반듯하게 개서 선반에 두는 것이 적당하다.

서랍

속옷이나 양말, 손수건처럼 작은 것은 얕은 서랍에 넣은 것이 좋다. 개 놓더라도 주름이 많이 생기지 않는 잠옷이나 티셔츠, 철 지난 스웨터도 서랍에 수납한다.

옷걸이봉 활용하기

4종류의 옷걸이를 구분해서 사용한다

옷걸이봉을 효과적으로 사용하려면 옷걸이를 고르는 것도 중요하다. 철사 타입이나 플라스틱으로 된 가는 옷걸이는 옷에 주름이 생기거나 옷 형태를 망가뜨리는 원인이 되기도 한다. 또 자신도 모르는 사이에 가득 채워 넣게 되어 옷을 넣고 꺼내기가 불편해질 수도 있다. 옷의 특징에 맞춘 옷걸이를 사용하면 보기에도 좋지만 수납 효과도 뛰어나다. 여기서 소개하는 4종류의 옷걸이가 모두 있다면 모든 옷에 따라 적절한 수납 방법을 찾을 수 있다.

원피스, 블라우스, 바지
4개의 고리가 달려 있고, 옷이 떨어지지 않도록 3면에 미끄럼 방지가 되어 있다.

스커트
클립이 달린 스커트 전용 옷걸이. 큰 클립으로 허리 부분을 고정한다.

슈트 · 재킷
스커트용 클립이 달린 옷걸이. 재킷과 스커트를 맞추어 걸어 놓으면 입을 때 쉽게 찾을 수 있다.

코트 · 바지 정장
가장 일반적인 타입. 코트나 슈트 형태가 변하지 않도록 어깨 모양에 맞게 적당한 두께로 되어 있다.

선반에 두기

외출용 소품부터 옷까지 '움직임 1'로 넣고 꺼낼 수 있다

개놓은 옷은 서랍장 등에 넣는 것이 일반적이다. 하지만 서랍을 열었을 때 가장 위에 있는 옷밖에 보이지 않기 때문에 입고 싶은 옷을 고르는 데 많은 수고와 시간이 걸린다. 그러나 선반 가구에 수납해 두면 문을 여는 단 한 번의 움직임으로 모든 옷이

보이기 때문에 옷을 맞춰 입기도 편하고, 또 가지고 있는 옷을 유용하게 활용할 수 있다. 왼쪽 사진은 옷장 안에 설치한 문이 없는 선반이다. 바로 외출 준비를 할 수 있도록 액세서리와 가방도 함께 수납했다.

옷 한가운데를 접어 아무렇게나 개는 사람이 많을 것이다. 그러나 반듯하게 개지 않으면 차곡차곡 쌓기도 어렵고 보기에도 좋지 않으며, 어떤 옷이 있는지 알기도 어렵다.

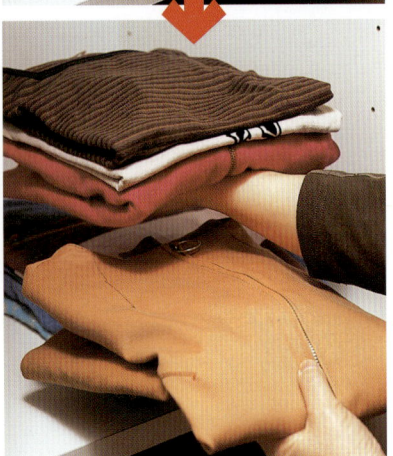

🔼 옷은 반듯하게 개서 선반에 올려 둔다

옷을 옷걸이에 걸어 두면 수납하기는 편리하겠지만 무엇이든 옷걸이에 거는 것은 좋지 않다. 옷걸이에 걸었을 때 형태가 변하는 니트나 트레이닝복, 티셔츠 등은 개서 선반에 수납하는 것이 적당하다. 서랍에 넣어도 상관없지만 부피가 커져 공간이 금방 가득 차므로 선반에 수납하는 것이 좋다. 가로 폭을 조절해 개서 쌓아 두면 보기에도 깔끔하고, 입고 싶은 옷을 찾지 못하는 경우도 없다.

🔼 꺼낼 때는 흐트러지지 않도록 주의

옷을 선반에 수납할 때는 아무리 반듯하게 개서 쌓아 놓아도 꺼내는 과정을 반복하다 보면 지저분해질 수밖에 없다. 선반에서 꺼낼 때는 손바닥을 펴서 입고 싶은 옷 바로 위에 깊숙이 넣은 뒤 위의 옷을 들어 아래에 있는 옷을 꺼내야 한다. 이때 밑에 있는 옷이 함께 딸려 나오지 않도록 주의한다.

서랍에 넣기

✿ 의류나 소품에 맞춰 서랍 깊이를 선택한다

다양한 사이즈의 수납 케이스가 시판되고 있다. 생각나는 대로 사지 않아도 필요에 따라 포개어 쓸 수 있는 것이 좋다. 색깔이나 디자인을 맞추면 보기에도 깔끔하다. 서랍 깊이도 얕은 형태, 깊은 형태 등 다양하므로 그 안에 넣는 의류나 소품에 맞게 선택하면 된다. 속옷이나 양말처럼 작은 것은 얕은 형태의 서랍이 수납하기 쉽고, 가방을 세워 넣거나 부피가 큰 물건을 넣기에는 깊은 형태가 좋다.

속옷이나 양말 등을 수납하기에 적당한 얕은 서랍. 반투명 수납 케이스는 안에 무엇이 들어 있는지 쉽게 알 수 있다.

침실에 둘 수 있고 조명 테이블로도 적당한 높이의 멋진 체스트. 서랍 안쪽에 케이스를 넣거나 두꺼운 종이로 칸막이를 만들어 수납할 수도 있다.

마음에 드는 체스트를 침실에 놓아 다양하게 활용한다

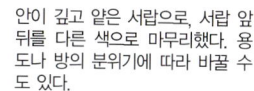

인조 가죽 박스를 서랍으로 만든 목제형 캐비닛.

안이 깊고 얕은 서랍으로, 서랍 앞뒤를 다른 색으로 마무리했다. 용도나 방의 분위기에 따라 바꿀 수도 있다.

🔘 체스트 서랍에 소품을 수납한다

좋은 수납이란 사용하고 싶은 물건이 가까운 곳에 있고, 최소한의 움직임으로 그것을 꺼낼 수 있게 만드는 것이다. 옷장 근처에 공간이 있다면 체스트를 두는 것이 좋다. 이렇게 하면 '서랍을 여는' 한 번의 동작으로 자주 사용하는 것을 꺼낼 수 있다. 액세서리는 칸막이가 있는 플라스틱 케이스에 넣어 얕은 서랍에 보관하면 옷에 맞추어 쉽게 고를 수 있다. 손수건 외에 속옷이나 양말 등의 소품을 넣기에도 적당하다.

옷 개는 법

옷을 예쁘게 개는 방법이 궁금하다면 옷가게에 배열되어 있는 상태를 보면 된다. 가게에서는 보기 쉬우면서도 꺼내기 편리하도록 디스플레이되어 있다. 집에서도 마찬가지다. 반드시 참고해 두도록 한다.

두꺼운 스웨터

1
몸통 부분이 보이게 펼친 뒤 팔을 안으로 접는다.

2
몸 부분을 반으로 접고 둥글게 접힌 쪽이 밖으로 보이도록 보관한다.

긴소매 티셔츠

1
등 부분(옷 뒤쪽)을 보이게 펼친 뒤 팔과 몸 부분을 살짝 등 쪽으로 접는다.

2
팔 부분을 옆선과 평행으로 꺾어 접는다.

3
다른 쪽도 같은 방법으로 접는다.

4
아래 끝자락을 잡은 뒤 반으로 접는다.

5
바닥 부분이 위로 오도록 뒤집어 앞부분이 보이면 완성.

반소매 티셔츠

1
등 부분(옷 뒤쪽)을 보이게 펼친 뒤 팔과 몸 부분을 살짝 등 쪽으로 접는다.

2
팔 부분을 옆선과 평행으로 꺾어 접는다.

3
바닥 부분이 위로 오도록 뒤집어 앞부분이 보이면 완성.

후드 티셔츠

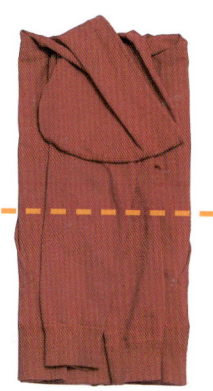

1
등 부분(옷 뒤쪽)을 보이게 펼쳐 놓은 뒤 긴소매 티셔츠의 1에서 3까지 같은 방법으로 접고, 팔과 몸 부분 옆선에 따라 접는다.

2
모자 부분을 등 쪽으로 접는다. 모자 부분은 양팔을 접은 뒤에 갠다.

3
아래 끝자락을 잡은 뒤 반으로 접는다.

4
바닥 부분이 위로 오도록 뒤집어 앞부분이 보이면 완성.

옷 개는 법

청바지

1 한가운데를 안쪽으로 포개 접은 뒤 허리 부분이 아래 끝부분 1/3 정도에 오도록 접는다.

남자 트렁크

1 팬티를 바닥에 펼쳐 놓은 뒤 가운데 부분을 기준으로 반으로 접는다.

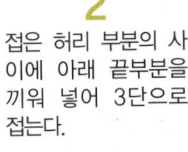

2 접은 허리 부분의 사이에 아래 끝부분을 끼워 넣어 3단으로 접는다.

2 다시 한번 세로로 접는다.

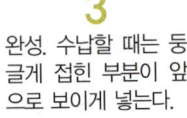

3 완성. 수납할 때는 둥글게 접힌 부분이 앞으로 보이게 넣는다.

칸막이를 움직일 수 있는 수납 케이스. 속옷이나 양말처럼 자잘한 물건을 넣기에 편리하다. 사이즈는 수납할 물건에 맞춰 고르면 된다.

3 가로로 접는다.

4 서랍이 얕으므로 한번 더 반으로 접는다.

둥글게 접힌 부분을 앞으로 보이게 수납하면 꺼내기가 쉽다. 사진은 부부가 사는 집의 옷장 모습. 바지가 많기 때문에 위쪽엔 아내 것, 아래쪽엔 남편 것으로 나누어 수납하고 있다.

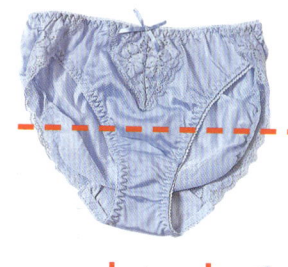

여성 팬티

1
팬티를 펼친 뒤 가로로 한 번 접는다.

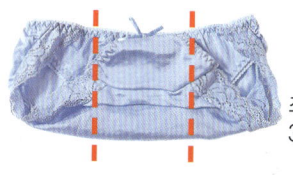

2
좌우를 중심으로 3단 접기한다.

3
얕은 서랍에 수납할 경우에는 다시 한 번 접는다.

스타킹

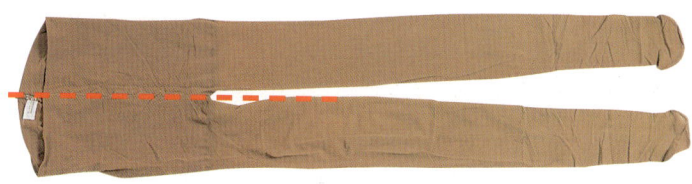

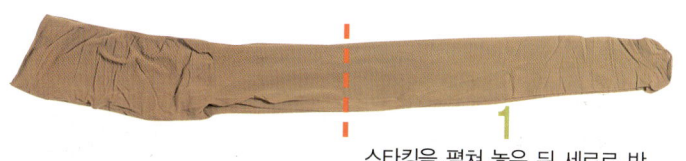

1
스타킹을 펼쳐 놓은 뒤 세로로 반을 접어 깔끔하게 포갠다.

2
가로로 반을 접는다.

3
스타킹의 폭을 유지하면서 둥글게 만든다.

공간에 여유가 있고, 세워서 수납하지 않을 경우에는 2의 상태에서 묶어도 좋다.

✿ 브래지어는 칸막이 케이스에
브래지어 한가운데를 절반으로 접어 하트 부분에 어깨 끈을 접어 넣는다. 형태가 흐트러지지 않게 해주는 칸막이 수납 케이스도 시판되고 있다. 두꺼운 종이로 칸막이를 만들어 이용하는 것도 방법.

✿ 둥글게 접힌 부분을 위로 보이게 세워 수납한다
양말은 사이즈에 맞는 수납 케이스에 세워서 보관하면 깔끔하다. 왼쪽은 비즈니스용, 오른쪽은 캐주얼용으로 나누면 고르기도 쉽다. 케이스에 넣을 경우에는 반드시 둥글게 접은 부분이 위로 보이게 할 것. 이렇게 해야 꺼낼 때 필요한 것만 꺼낼 수 있다.

양말

1
두 짝을 반듯하게 포개어 절반을 접는다.

2
다시 반으로 접어 케이스에 보관한다.

발목 양말

두 짝을 반듯하게 포개어 3단계로 접는다. 둥글게 말아도 좋다.

외출에 필요한 것을 한데 정리한다

옷장 ❺

외출 시 자주 사용하는 것은 따로 옷은 침실, 가방은 서재, 휴대 전화는 거실, 이런 식으로 필요한 것을 각각 다른 공간에 놓으면 외출 준비에 시간이 걸린다. 외출 시 필요한 것을 한데 정리해 수납하면, 주부의 경우 자신에게 필요한 물건이 거실에서 멀리 떨어지지 않은 곳에 있으면 급한 일이 생겼을 때도 빨리 준비를 할 수 있고 서두르거나 잊어버리는 물건도 줄어든다. 모든 의류를 수납할 필요는 없고 자주 사용하는 것만 넣는다고 생각하자. 좁은 장소에도 얼마든지 수납할 수 있다. 다음 페이지에서는 남성의 예를 살펴 보자.

여행 가방

넥타이

벨트

재킷·슈트

코트

지갑,
휴대 전화,
키 등

손수건,
티슈 등

관혼상제에
필요한 것,
자주 신지
않는 구두

바지

캐주얼 셔츠

화이트셔츠

티셔츠 등

스웨터나
트레이닝복

가방

1 바지와 화이트셔츠를 입는다

바지는 가는 옷걸이에 걸어 두면 주름이 접히거나 미끄러져 떨어지는 경우가 있으므로 거는 부분에 둥글게 돋아난 돌기가 있고 미끄럼 방지 기능이 있는 옷걸이에 거는 것이 좋다. 바지와 화이트셔츠는 가까운 거리에 수납하는 것이 기본. 바지를 걸어 놓은 아래 공간에 화이트셔츠를 두면 좋다.

2 넥타이를 맨다

넥타이는 셔츠나 바지에 맞추어 고를 수 있도록 슈트 옆에 수납한다. 문 뒷부분을 사용할 수 없는 경우에는 미끄럼 방지 기능이 있는 옷걸이에 거는 것이 간단하고, 사용하기도 쉽다. 여러 가지 넥타이 전용 수납 옷걸이가 있으므로 사용하기 쉬운 것을 고려하여 선택하면 된다.

3 재킷을 입는다

재킷을 입을 때는 주름이나 옷걸이 자국이 나 있지는 않은지를 먼저 확인해야 한다. 재킷은 가는 옷걸이에 걸거나 빡빡하게 걸면 주름이 생기거나 형태가 망가지기 쉽다. 어깨 모양을 유지할 수 있는 옷걸이에 여유롭게 거는 것이 좋다.

4 양말, 손수건 등을 고른다

양말이나 손수건, 티슈 등은 얇은 서랍에 칸막이를 만들어 세워서 수납하면 보기에도 좋고 꺼내기도 쉽다. 칸막이에는 넣는 물건의 폭이나 양에 따라 위치를 바꾸어 물건이 쓰러지지 않도록 하고, 쓸모 없는 공간이 생기지 않도록 한다.

이동할 수 없는 칸막이가 들어 있는 서랍은 사용하기가 불편하다. 이럴 때는 넣는 물건의 크기에 맞추어 두꺼운 종이로 칸막이를 만들어 사용하면 도움이 된다.

5 시계와 휴대 전화를 챙긴다

지갑이나 휴대 전화, 시계, 열쇠, 카메라처럼 자질구레한 물건은 눈에 잘 띄고 꺼내기 쉬운 곳에 보관해야 한다. 트레이 형태의 서랍에 수납 케이스에 정리해 놓으면 찾기도 쉽고 관리하기도 쉽다.

안이 깊지 않은 트레이 형태는 넣고 빼기가 편리하다. 손목시계 등의 자잘한 물건은 바구니에 넣어 트레이에 보관한다.

6 가방을 들면 준비 완료

가방은 꺼내기 쉽도록 옷장 가장 아랫단에 세워서 콤팩트하게 수납한다. 쓰러지기 쉬운 가방이 있다면 북스탠드 등을 이해 세운다. 옆으로 쓰러지면 어지럽게 섞여 보기에도 좋지 고 꺼낼 때도 번거롭다.

안정감이 있는 스탠드는 물건이 쓰러지는 것을 막아 주기 때문에 물건 형태가 변형되는 것을 방지할 수 있다. 다양하게 사용되는 멀티 스탠드.

Children's room

자녀방

어질러져 있는 아이 방을 보며 "정리 좀 해!" 하고 윽박지르거나 꾸중하지는 않는지? 그렇게 하기 전에 아이의 입장에서 '잘 정리할 수 있는 방법'을 생각하며 방을 점검해 보자. 교과서나 참고서, 그림책 등의 서적류, 문구류, 클럽 활동 도구 등 아이는 학교 생활과 관련된 다양한 물건을 사용하고 있다. 하지만 책장과 책상뿐인 방이 적지 않다. 물건을 넣을 가구가 없다는 것은 정리하고 싶어도 정리할 수 없다는 것. 우선은 아이가 스스로 정리할 수 있도록 수납 형태를 정리해 주는 것이 중요하다. 그런 뒤에야 '원래 위치로 되돌릴 수 있다'는 것이다.

행동에 맞춰 가구를 고른다

1 공부하기

책이나 교재, 노트, 필기 도구, 메모장, 가방 등   책상, 필기 도구를 넣는 서랍, 책장, 가방을 수납할 수 있는 선반 등이 필요하다.

시스템 가구는 높이나 깊이를 방에 맞추어 주문할 수 있다. 필요에 따라 같은 디자인의 가구를 더 구입할 수도 있다.

2 놀기

장난감이나 봉제 인형, 작은 인형, 게임 등. 아이 스스로 장난감을 꺼내거나 정리할 수 있는 선반이나 상자, 바구니가 최적이다.

사용하지 않을 때는 접어 놓을 수 있다.

아이에게도 가구는 필요하다

공부 도구나 장난감 등 아이도 다양한 물건을 사용한다. 아이가 스스로 정리할 수 있도록 아이가 방에서 무엇을 하는지 '행동' 과 방의 상황을 생각하여 필요한 가구를 검토한다.

3 옷 갈아입기

셔츠, 재킷, 스웨터, 잠옷, 체육복, 속옷, 양말 등의 의류를 옷걸이에 걸거나 개서 수납할 수 있는 서랍장 또는 옷장이 필요하다.

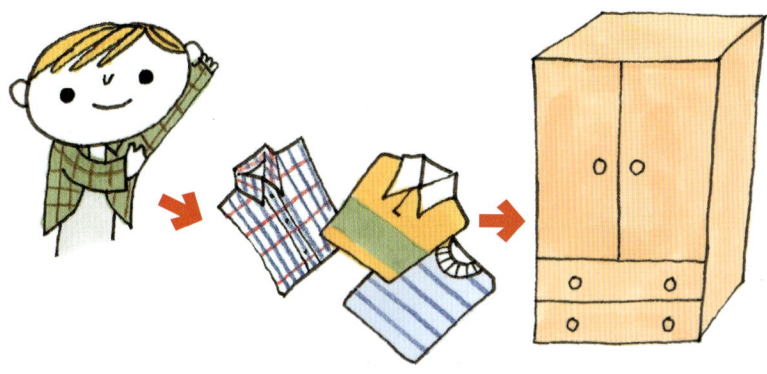

옷걸이 서랍 세트. 옷걸이 폭은 조절이 가능하다.

4 잠자기

침대일 경우에는 침대를 놓을 공간이 필요하고, 이불을 사용할 경우에는 수납 공간이 필요하다. 침대로 할지 이불로 할지 판단이 서지 않을 수도 있을 것이다. 이불을 사용하면 낮 시간 동안에 방을 넓게 사용할 수 있다는 장점이 있다.

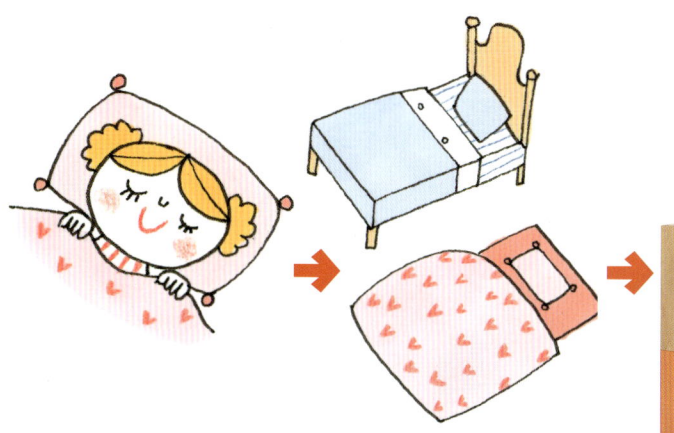

이불을 넣어 둘 곳도, 침대를 놓을 공간도 없을 경우에는 수납 선반을 조합한 '시스템형 침대'를 놓는 것도 방법이다. 가로 폭 103.4cm, 세로 폭 208.5cm, 높이 96.4cm.

성장 단계에 따라 조절하는 선반으로 문구에서 의류까지 수납한다

❯ 심플한 선반은 어른이 된 뒤에까지 유용하게 쓸 수 있다

아이 방의 가구를 고르기가 어려운 이유는 아이가 성장해 감에 따라 행동 패턴이 변하고 사용하는 물건도 변화하기 때문이다. 그렇다고 해서 그때마다 수납 가구를 바꾸어 줄 수도 없는 일이다. 여기서 권하고 싶은 것은 선반의 높이나 칸을 자유롭게 조절할 수 있는 '선반' 수납이다. 이것을 설치하면 아이가 성장해 감에 따라 행동 패턴이 변해도 오래 사용할 수 있다.

🔼 아기일 때

일회용 기저귀나 수건, 장난감처럼 아이와 관련 있는 물건들은 모두 선반에 넣는다. 의류는 개서 바구니에 넣되, 다른 물건은 상자에서 꺼내 잘 보이는 선반에 올려 두는 것이 포인트. 상자에 넣어 두면 '분명 있었는데…….' 하며 찾게 된다. 한눈에 어디에 있는지 알 수 있다면 물건을 찾느라 시간을 버리지 않는다.

🔼 3~4살이 되었을 때

손이 닿는 아래칸에는 장난감이나 그림책 등을 수납한다. 자질구레한 장난감이나 봉제 인형은 바구니에 넣어 정리한다. 이렇게 하면 아이도 혼자서 쉽게 정리할 수 있다. 어린아이는 엄마가 있는 거실 주변에서 노는 경우가 많다. 장난감을 모두 아이 방에 둔다고만 생각하지 말고 거실에 두지 않는 부분을 둔다고 생각하면 좋다. 이것을 가끔 거실에 있는 것과 교환해서 놀게 한다.

유치원생·초등학교 저학년

북스탠드나 고리 등의 작은 물건을 선반에 걸어 아이도 즐거운 마음으로 수납할 수 있게 한다. 우선 무엇을 어느 선반에 두면 사용하기 쉬울지를 아이와 함께 고민한다. 둘 장소가 정해지면 각각의 장소에 익숙해지도록 이름표를 달아 헷갈리지 않게 한다.

가벼워서 아이도 들 수 있는 천 소재의 수납 케이스. 사용하지 않을 때는 손잡이의 봉을 떼어 개놓을 수 있다.

선반 옆에 공간이 있는 경우 고리를 달아 놓으면 가방이나 재킷을 걸 때 편리하다. 나중에 떼어 낼 수 있는 나사 형태의 고리가 좋다.

선반 안에 정리 바구니나 상자를 준비한다. 손잡이가 있으면 꺼내기 쉽다. 바구니나 상자는 자질구레한 작은 소품이나 옷을 수납하는 데 사용하면 편리하다.

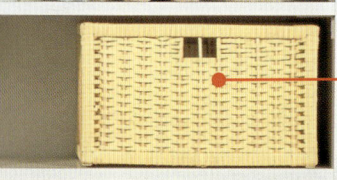
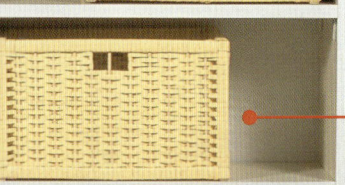

방학 등으로 인해 오랫동안 학교에 가지 않을 경우에는 학교에서 쓰던 물건을 집으로 가져오기 때문에 물건이 늘어난다. 이에 대비해 공간을 확보해 둘 것.

책가방을 둘 장소를 정해놓지 않은 가정도 많다. 책가방의 크기에 딱 맞는 선반에 두는 것이 좋다 이렇게 하면 등교 준비 시간이 빨라진다.

등산용 배낭이나 학원 가방은 소재가 유연하기 때문에 옆으로 쓰러지기 쉽다. 북스탠드를 이용하면 가방을 세워서 수납할 수 있다.

자녀방 ❷

봉제 인형

⬆ 중학생 · 고등학생 · 대학생인 경우

공부에 필요한 책이나 파일 등이 늘어날 뿐만 아니라 오디오류나 CD, 취미 용품을 두게 되는 나이이므로 이런 물건의 사이즈에 맞추어 수납장을 움직이거나 효율적으로 사용하는 것이 중요하다. 스웨터, 트레이닝복, 청바지 등은 서랍에 넣으면 바로 가득 차게 되므로 깔끔하게 개서 선반에 두는 것이 좋다. 이렇게 하면 무엇이 어디에 있는지 쉽게 알 수 있어 꺼내기도 쉽고 정리하기도 쉽다.

⬆ 선반에 나란히 놓아 보여 주는 수납을

마음에 드는 봉제 인형은 선반에 두고 '보여 주는 수납'을 하면 어떨까? 봉제 인형의 크기에 따라 선반의 높이를 조절하여 장식하는 기분으로 봉제 인형을 나란히 놓는다. 선반에 들어가지 않는 특대형 인형의 경우 마땅한 보관 장소가 없다면 구입하지 말거나 방이 좁아지게 된다는 것을 알린 뒤에 구입해야 한다.

성적표 등의 인쇄물

파일을 세우기에 적당한 스탠드. 심플한 디자인과 안정감이 있는 철제 재질이 특징이다. 크기별로 선택할 수 있으며, 노란색, 파란색, 빨간색, 흰색, 회색, 갈색 등 색깔도 다양하다.

반투명한 박스 파일. 노트나 연습장 등을 분류하여 수납하면 무엇이 들어 있는지 쉽게 알 수 있다.

철하지 않는 개별 폴더도 손쉽게 사용할 수 있다. 시험지를 과목별로 파일에 끼워 박스 파일에 수납한다.

플라스틱 재질의 견고한 박스 파일에는 쓰러지기 쉬운 얇은 교재 등을 수납한다. 선반에 두면 북스탠드로도 사용할 수 있다.

Z식 철 파일은 구멍을 뚫을 필요가 없을 뿐만 아니라 간단하게 철할 수 있다. 학교 인쇄물 등에 자주 사용되는 A4나 B4 사이즈가 들어가는 파일을 권한다.

파일은 장르별로 보관한다

성적표 등의 인쇄물은 장르별로 나누어 파일로 만든다. 장르마다 파일 색을 달리하거나 제목을 크게 써 두면 안에 무엇이 들었는지 쉽게 파악할 수 있다. 파일은 사용하기 쉬운 것을 고를 것. 서류를 철할 때 바로 닫혀 버리는 것은 인쇄물을 끼우기 힘들고 수납이 귀찮으므로 직접 열어 보고 확인한 뒤에 고를 것.

파일을 세워서 수납한다

인쇄물을 파일로 철해도 그것을 책상이나 선반 위에 포개어 그대로 두면 무엇이 들어 있는지 알 수 없고 바로 꺼내기도 힘들므로 반드시 세워서 놓는 것이 좋다. 상자 형태의 박스 파일에 넣어도 좋다. 단, 넣고 꺼내기 쉬운 것을 가장 중요하게 고려할 것.

옷장 ④

추억이 담긴 물건

거실이나 아이 방에 있는 선반을 아이가 만든 작품을 보여주는 공간으로 만들어도 좋다. 작품이 많아지면 일부를 추억용으로 수납 케이스에 옮긴다.

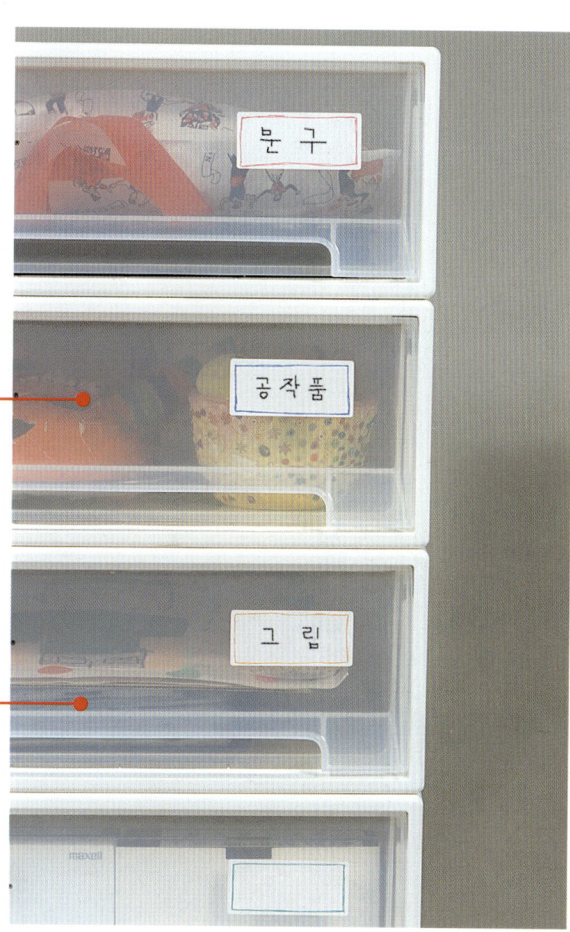

⬆ **장식을 마친 뒤에는 수납 케이스에 보관한다**

수업 시간에 만든 작품이나 숙제로 만든 과제물은 크기와 형태가 가지각색이기 때문에 수납 공간에 넣기가 불편한 것도 있다. 이럴 때는 깊이 30cm 정도의 반침용 등에 수납 케이스를 이용하는 것이 좋다. 이 정도 크기라면 미술 작품이나 글, 성적표, 상장 등을 모두 넣을 수 있다. 대비용으로 서랍 1개분을 정해 아이 스스로 관리하게 하는 것도 좋다. 케이스에 들어가지 않을 때는 사진으로 촬영해 두면 폐기해도 추억으로 남는다.

선반을 늘리는 방법

선반 간격이 지나치게 많이 벌어져 있으면 물건을 쌓아 두는 창고가 되어 버릴 수도 있다. 수납할 물건의 높이에 맞추어 선반을 늘리는 것만으로도 물건을 포갤 필요가 없고 넣고 꺼내기도 쉬워져 수납 효율이 높아진다. 여기서는 혼자 할 수 있는 선반 늘리는 방법을 소개한다.

핀 구멍이 뚫려 있는 경우

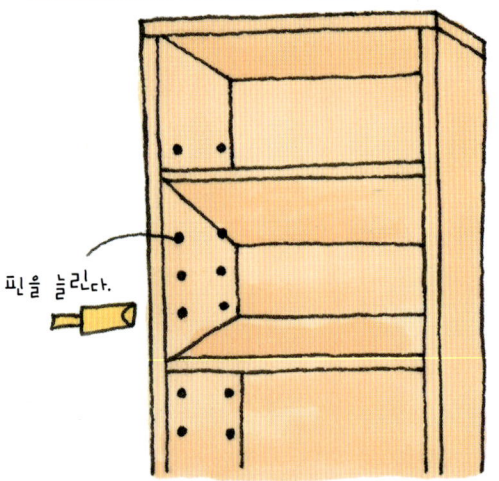

핀을 늘린다.

핀 구멍이 뚫려 있는 경우에는 같은 종류의 핀을 더 구입하여 지금 달려 있는 선반과 같은 사이즈의 판을 준비하면 된다. 무거운 물건을 올릴 것이라면 휘어지지 않는 두께의 판을 고르는 것이 좋다.

핀 구멍이 없는 경우

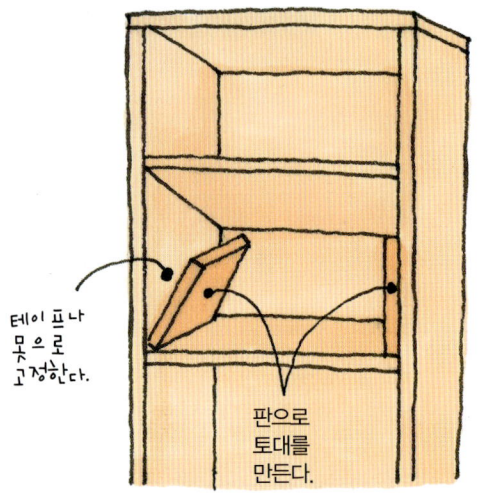

테이프나 못으로 고정한다.

판으로 토대를 만든다.

핀 구멍이 없는 경우에는 양 사이드에 판을 2장 두어 토대를 만든다. 판을 양면 테이프나 나사 등으로 가볍게 고정한 뒤 그 위에 판을 한 장 올리면 선반이 한 층 더 생긴다.

현관 주변

현관은 '집의 얼굴'이라 불릴 정도로 집의 이미지를 결정짓는 중요한 공간이다. 그래서 현관 주변이 깨끗하게 정리되어 있으면 가족은 물론 집을 방문하는 손님들까지 기분이 좋아진다. 현관 주변에서도 가장 수납하기 힘든 것이 바로 구두일 것이다. 신발장이 가득 차서 넣을 수 없을 경우 부득이 몇 켤레는 신발장 밖에 놓아야 하기 때문이다. 신발장이 가득 차 있다면 '정리 수납의 법칙'을 따르자. 현관에는 신발 외에도 우산, 슬리퍼, 현관 키, 자동차 키 등 많은 것이 노출되어 있다. 이런 자잘한 것들 또한 넣고 꺼내기 쉬우면서 보기에도 깔끔한 수납을 해야 한다. 코트걸이가 현관에 있다면 집에 손님이 왔을 때 그 유용함을 발휘할 것이다. 공간에 따라 옷걸이나 벽걸이용 고리를 설치하는 것도 좋은 방법이다.

행동에 맞추어 가구를 고른다

◑ 신발장 수납 방법을 바꿔 보자

현관 바닥에 구두가 한가득 어지럽게 널려 있
지는 않는가? 현관 주변을 수납하는 데 있어
대부분의 사람들이 겪고 있는 고민은 바로 가
지고 있는 구두를 신발장에 다 넣을 수 없다
는 것. 깔끔하고 보기 좋은 현관을 유지하기
위해서는 구두를 정리하여 신발장을 수납하는
방법을 바꿔 보는 것이다.

◑ 손님용 코트걸이를 준비한다

손님을 초대했을 때 현관에서 단정하게 코트
나 재킷을 받아 주면 어떨까? 즉 현관 입구에
손님용 코트 걸이를 준비해 두는 것이다. 공간
이 있다면 스탠드형 옷걸이를 두는 것이 좋고,
공간이 없다면 벽에 고리를 달면 된다. 이렇게
하면 옷을 걸기 위해 옷걸이를 찾아야 할 필
요도 없고 바로 거실로 이동할 수 있다.

현관 앞에 임시 보관함을 둔다

🔸 현관 앞에 임시 보관함을

집이 2층 주택인 경우 2층까지 가지고 올라가는 것이 귀찮아 짐을 현관에 놓는 사람이 많다. 계단을 오르는 입구에 손님에게는 보이지 않는 공간이 있다면 임시 보관 기능을 하는 선반을 설치해 보자. 한 사람씩 전용 선반을 정해 여기에 손님의 짐을 보관해 두는 것이다. 그리고는 거실에서 일을 본 뒤 2층으로 가지고 가면 좋을 것이다.

신발

1 현재 상황을 점검해 본다 현재 신발장 상황은 어떠한가? 현관에 신발이 나와 있다면 신발장 안을 잘 살펴보자. 그리고 1단계 '물건을 소유하는 기준을 세운다', 2단계 '불필요한 물건을 없앤다' 라는 법칙에 따라 신발장 상태를 점검한다. 신발장에 들어 있는 모든 신발이 필요하지는 않을 것이다. 모든 신발을 수납하려고 하기보다는 그 신발이 필요한지, 필요 없는지를 먼저 판별할 것. 불필요한 것을 골라 폐기하는 것이 중요하다.

before

신발장 한 구석에는 사용하지 않는 자전거 커버나 장난감, 딱딱하게 굳은 구두약처럼 "이게 아직도 여기 있었네?"라는 생각이 드는 물건이 한두 개쯤은 있다.

유행이 지난 구두나 사이즈가 맞지 않는 아이들 스니커즈 등이 처박혀 있어 소중한 공간을 차지한다.

슬리퍼가 포개진 상태로 틀어박혀 있기 때문에 넣고 꺼내기가 힘들다. 상단은 급한 일이 있을 때 고르기 쉽고 바로 꺼내기 쉬운 위치이기 때문에 가능하면 자주 신는 신발을 두는 것이 좋다.

신상품이긴 하지만 신었을 때 발이 아프거나 불편하다는 이유로 거의 신지 않는 신발. 상자에 넣은 채로는 보이지 않아 잊어버리는 경우도 많다. 고치지 않는 한 신을 일이 없으므로 처분을 고려하는 것이 좋다.

➋ 신발 상자를 이용하여 신발 보관함을 만든다

신발장의 선반을 늘릴 수 없을 때는 비어 있는 신발 상자를 이용하는 것도 좋은 방법. 상자를 쌓을 때 앞쪽에 보이는 부분을 커터 칼로 잘라 안쪽으로 접어 넣은 뒤 테이프로 붙여 튼튼하게 한다. 뚜껑도 같은 방법으로 안쪽으로 접어 붙인다.

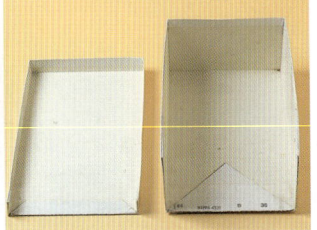

2 보관할 위치와 넣는 방법을 정한다

필요 없는 물건을 처분했다면 다음 단계로 넘어간다. 즉 3단계 '보관 장소를 정한다' 와 4단계 '넣는 방법을 정한다' 를 실행하는 것이다. 신발 높이에 맞추어 선반 높이를 바꾸거나 수납 용품을 이용하면 더욱 깔끔하게 수납할 수 있다. 또 가족 개개인의 신발을 찾기 쉽고 정리하기도 수월해진다. 이렇게 하면 5단계인 '쾌적한 수납 유지 및 관리'로 자연스럽게 넘어갈 수 있다.

after

사용하지 않는 자전거 커버 등을 처분했기 때문에 신발을 수납할 수 있는 공간이 생겼다.

수납 용품은 넣고 꺼내기가 번거롭지 않을 것을 선택할 것. 어떤 신발이 들어 있는지 알기 쉬운 신발 홀더를 이용한다. 신발의 다른 한쪽 공간에 수납되기 때문에 수납 양이 2배로 늘어난다.

한 켤레의 신발을 발끝이 정면으로 보이게 배치했다면 그 다음은 뒤꿈치 쪽이 정면으로 오게 배열해 보자. 이렇게 하면 낭비되는 공간 없이 수납할 수 있다.

급하게 넣고 꺼낼 일이 적은 슬리퍼는 가장 아랫단에 수납한다. 가지런하게 배열해 두면 꺼내기 쉽다.

구두약이나 신발 관리 용품인 브러시, 천, 탈취 스프레이 등은 정리해서 상자에 넣어 수납한다.

◑ 신발장에 들어가지 않는 신발은

어떻게 해도 신발장에 보관할 수 없는 경우가 있을 것이다. 관혼상제용이나 시즌이 지난 신발은 옷장이나 반침으로 옮긴다. 서랍식 수납 케이스를 이용하면 한눈에 어떤 신발이 들어 있는지 알 수 있다.

코트 등의 의류

인테리어와 방 분위기에 맞추어 코트 걸이를 준비한다

고리는 소재와 디자인이 다양하므로 인테리어의 일부로 어울리는 것을 고른다. 벽이 목재가 아닌 석고보드로 된 집도 많다. 석고보드의 경우 고리나 패널은 달 수 없다고 생각하는 사람도 있는데, 석고보드용 고리나 쇠장식도 시판되고 있으므로 이용하면 된다.

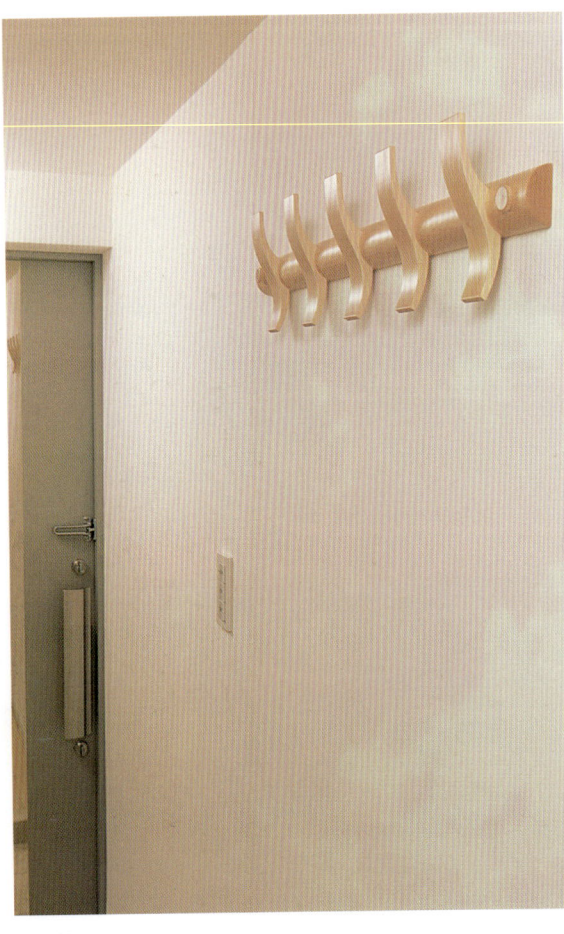

벽면에 적당한 고리를 단다

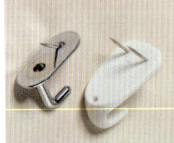

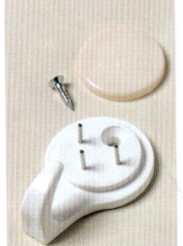

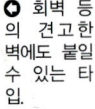

○ 석고보드 벽에 부착할 수 있도록 가는 못이 비스듬히 달려 있다.

○ 회벽 등의 견고한 벽에도 붙일 수 있는 타입.

○ 현관 근처에 문이 있어서 벽에 달 수 없는 경우에는 문 위쪽에 거는 코트 걸이를 이용할 수도 있다.

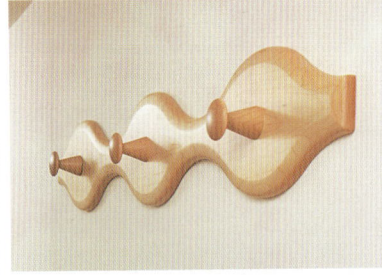

○ 대범한 커브가 눈길을 끄는 코트 걸이. 순수한 목재의 느낌이 내추럴한 분위기의 인테리어에도 잘 어울린다.

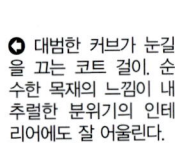

고리 부분이 가로로 움직이는 제품

사용하지 않을 때는 고리 부분을 패널에 수납할 수 있기 때문에 현관이 좁아도 불편하지 않다.

⬇ 현관이 넓다면 움직이기 쉬운 코트 걸이를

현관 입구가 넉넉하고 여유 있는 경우 스탠드형으로 된 코트걸이를 놓아두면 편리하다. 너무 크거나 위압감을 주지 않는 디자인의 콤팩트한 것을 고르는 것이 좋다. 접이식을 선택하면 손님이 왔을 때를 제외하곤 접어서 수납해 놓을 수 있기 때문에 평소에 공간을 넓게 사용할 수 있다. 거실에 들어가 코트를 벗기도 하므로 거실 문 근처에 공간이 있다면 그곳에 옷걸이를 놓아도 좋다.

콤팩트한 사이즈로, 공간이 넉넉하지 않은 현관에 놓아도 크게 방해되지 않는다. 이동이 쉽고 바퀴가 달려 있다.

열쇠 · 도장

◑ 신발장 문 뒤에 걸어 둔다

열쇠나 우편물을 받고 수취 확인을 할 때 사용하는 도장이나 펜은 신발을 신은 그대로 넣고 꺼낼 수 있는 현관에 수납하는 것이 가장 좋다. 신발장 문 뒤에 고리를 붙여 열쇠를 달아 두면 신발을 신발장에 넣으면서 열쇠를 수납할 수 있어 편리하고, 현관도 정리가 되어 일석이조의 효과를 노릴 수 있다. 도장 케이스를 양면 테이프로 붙여 두면 수납이 더욱 편리하다.

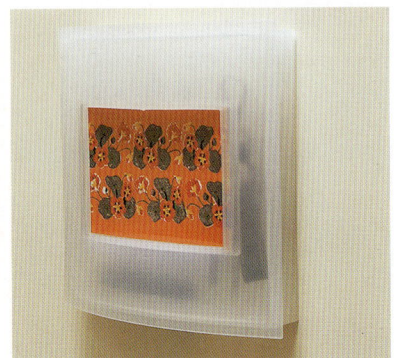

⬆ 장식용 열쇠 보관함에 수납한다

문을 열면 안쪽에 열쇠를 달거나 도장을 넣을 수 있는 멋진 프레임 타입의 열쇠 보관함. 프레임 속의 그림이나 사진을 가끔씩 바꿀 수 있다.

◑ 바구니나 상자에 넣어서

신발장 위에 바구니나 상자를 두고 그 속에 열쇠를 넣는다는 규칙을 정하는 것도 좋은 방법이다. 신발장 위는 쉽게 눈에 띄기 때문에 수납 습관을 저절로 들일 수 있다. 특히 집에 들어올 때는 짐을 들고 있는 경우가 많으므로 한손으로도 열고 닫을 수 있는 것을 놓아두는 것이 좋다.

현관 주변 ④ **슬리퍼**

슬리퍼 보관함은 디자인이 다양하므로
취향에 맞게 실용적인 것으로 골라 쓴다.

🔼 공간에 여유가 있다면 슬리퍼 보관함에

항상 벗거나 신는 슬리퍼를 문이 달린 신발장에 수납하는 것은 귀
찮은 일이다. 그렇기 때문에 현관에 들어왔을 때 바로 벗은 상태
그대로 있는 경우가 많다. 현관 입구에 공간이 있다면 인테리어에
맞춘 슬리퍼 보관함을 두어 '보이는 수납'을 하는 것도 좋다. 무조
건 신발장에 넣으려 하는 것보다 이렇게 하는 것이 꺼내고 신는
과정도 덜 불편하고 정리하기도 쉽다.

우산

접이식 우산이 많을 때는 고리에 달아놓는
것보다 신발장의 선반 간격을 좁혀서 그곳
에 보관하거나 스테인리스 파이프와 S자
고리를 조합시켜 보관하는 것이 좋다.

← S자 고리

⬆ 접이식 우산은 고리에 걸거나 선반에 둔다

장우산을 놓아둘 공간은 정해져 있어도 접이식 우산을 수납
할 공간은 정해져 있지 않은 가정이 많다. 접이식 우산은 신
발장 안에 고리를 달아 걸거나 선반에 수납하는 것이 좋다.
고리를 이용할 경우에는 급하게 꺼낼 때에 대비해 가족 수만
큼 고리를 달아 보관한다.

신발장 안에 수납할 수 있을 만큼 콤팩트한 우산꽂이를 이용하면 현관 공간을 차지할 일도 없다. 스테인리스 소재로 안정감이 있고 잘 녹슬지 않는다.

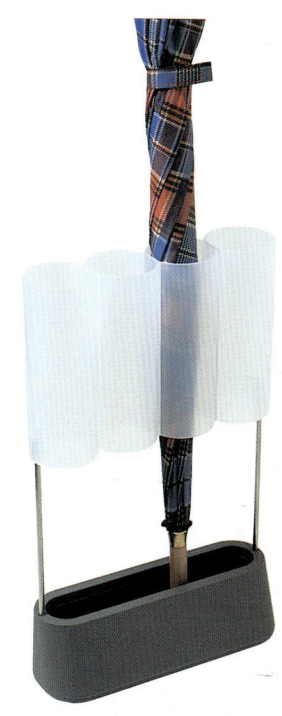

우산 4개를 수납할 수 있는 날씬한 타입. 안정감이 있기 때문에 안심하고 사용할 수 있다.

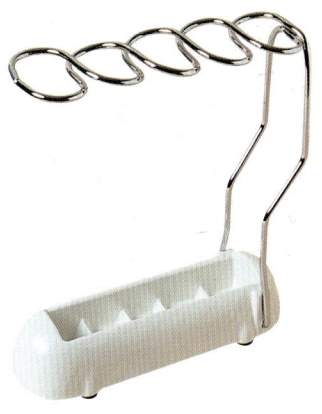

우산 5개를 수납할 수 있는 콤팩트한 타입. 최소한의 필요한 기능만을 담아 심플하게 수납할 수 있다. 현관에 두어도 눈에 띄지 않고 방해되지도 않는다.

🔼 필요한 개수만큼 우산꽂이에 세워서 깔끔하게 수납

우산꽂이 한가득 우산이 꽂혀 있는 집이 많다. 그런데 사용하지 않는 우산까지 함께 넣어 두지는 않았는가? 우산이 많이 들어 있으면 그만큼 현관이 지저분해 보이고 번잡해진다. 공간에 여유가 있어도 가족 수만큼만 있는 것이 좋다. 손님에게 빌려 줄 우산을 준비해 두고 싶은가? 지나치게 많이 준비하면 오히려 지저분해 보이므로 2개 정도가 충분하다. 우산의 수량을 다시 정리한 뒤에 우산꽂이에 세워서 깔끔하게 수납하자. 신발장에 우산을 넣어 두고 사용하고 있더라도 비 오는 날만큼은 우산꽂이를 사용해 보자. 이렇게 하면 현관이 깨끗해진다.

방재 용품은 출입구 근처에 둔다

한곳에 놓지 않을 때는 두 군데에 나누어 보관한다

만일의 경우에 대비해 준비해 놓은 방재 용품은 현관 신발장 위를 비롯한 출입구 근처에 놓는 것이 가장 좋다. 종류가 많거나 공간이 충분하지 않아 한 군데에 다 들어가지 않는 경우에는 '최소한 필요한 것' 과 '그렇지 않은 것' 으로 나누어 두 군데에 보관한다. 여기서 '최소한' 이란 3일분의 음식물, 배설 · 상처 · 추위에 대응하기 위한 물건, 라디오 · 손전등 · 통장 등을 말한다. 손전등은 만일의 경우 바로 사용할 수 있도록 눈에 띄는 장소에 두는 것이 좋다.

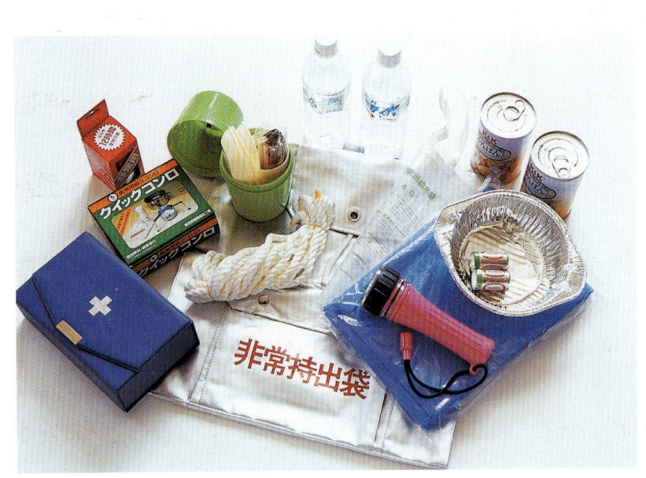  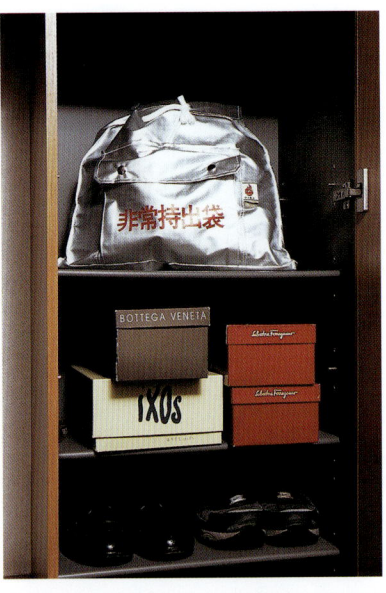

최소한의 필요한 물건은 꺼내기 쉬운 배낭 등에 넣어 보관한다. 일본에서 시판중인 방제 용품 세트. 내열성 배낭에 물이나 식품, 손전등 등이 들어 있으며, 무게는 약 6.2kg 정도가 된다.

'있으면 안심' 이라는 생각으로 준비해 놓는 방제 용품은 오히려 짐이 되기 쉽다. 사용하지 않는 나일론 백 등에 정리해서 넣어 둔다. 출입구에서 가능한 한 가까운 곳의 피난 통로에 넣어둘 것.

세면실 · 욕실 · 화장실

이제부터 물을 사용하는 공간의 수납에 대해 살펴보자. 우선 세면실에서는 세면대 아래쪽을 수납 공간으로 활용하는 것이 가장 일반적이다. 그런데 대부분은 비누를 비롯하여 청소용이나 세탁용의 세제 여유분이 함께 수납되어 있을 것이다. 이런 세제 종류를 다시 정리하는 것만으로도 수납 공간이 상당히 달라진다. 욕실 또한 결코 넓다고 할 수 없는 공간에 샴푸를 비롯하여 샤워용 브러시 등이 방치되어 있는 경우가 많을 것이다. 그냥 방치해 두면 지저분해지거나 곰팡이가 끼는 원인이 되므로 전용 케이스를 준비하여 그 안에 수납하는 것이 좋다. 또한 화장실은 그 어느 곳보다 깨끗하게 유지하고 싶은 공간이다. 화장지나 위생 용품의 수납에 신경써야 한다.

세제는 한 개만 비치해 둔다

우선 집에 필요한 세제 종류를 점검해 본다. 슈퍼마켓이나 편의점이 가까이에 있다면 비치해 둘 필요까지는 없다. 그렇지 않은 경우라 해도 '한 개만' 비치해 둔다고 생각하고 세면대 아래쪽을 깔끔하게 사용해야 한다.

욕실 용품에 곰팡이가 발생하지 않도록 한다

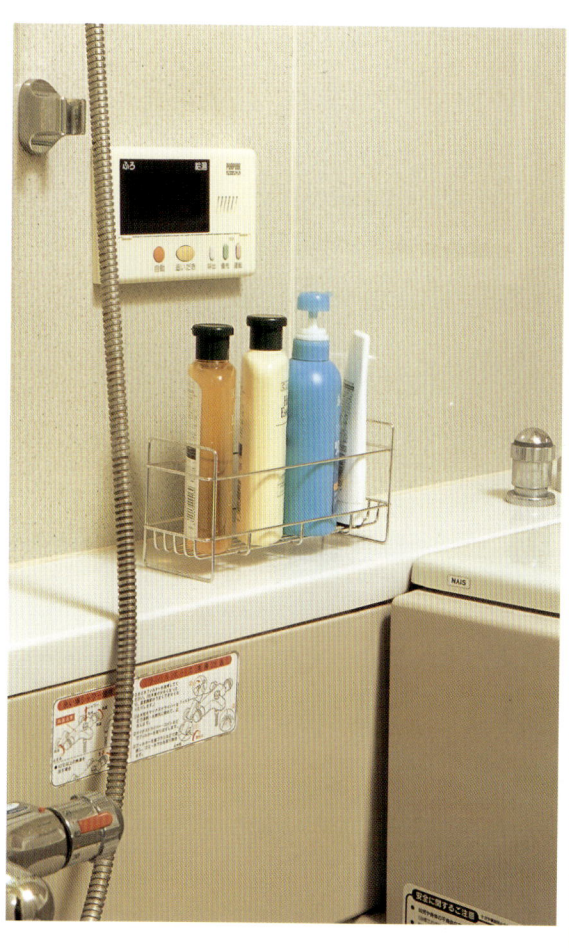

샴푸 방울이 욕실 바닥이나 욕조 테두리 등에 닿아도 그냥 방치해 두는 사람이 많을 것이다. 샴푸통 바닥이 미끌거리는 것도 곰팡이의 한 종류다. 이것이 신경 쓰인다면 잘 녹슬지 않는 스테인리스 재질의 수납 케이스를 이용해 보자. 이렇게 하면 건조되는 속도가 빠르고 곰팡이가 쉽게 생기기 않는다. 곰팡이를 억제하여 기분 좋은 목욕 시간을 즐겨 보자.

화장실을 집안에서 가장 청결한 공간으로

바구니 등으로 정리하여 깔끔하게

화장실은 집 안에서도 특히 좁고 수납 공간도 많지 않은 곳이다. 하지만 화장지나 청소용 도구, 탈취 스프레이 등 화장실에 두어야 할 물건은 의외로 많다. 수납 공간이 없을 때는 시판되는 바구니를 이용하여 보기에도 좋고 깔끔함까지 갖춘 수납을 해 보자.

수건

🔷 안쪽이 깊은 선반의 경우

안쪽이 깊은 선반에 수건을 수납할 경우에는 세로로 길게 갠다. 여유 공간이 있으면 수납하는 수건의 양이 많아지므로 가끔씩 수량을 확인할 필요가 있다. 거의 매일 세탁하는 경우라면 목욕 수건은 가족 수 2장, 일반 수건은 가족 수 2~3장이 가장 적당하다. 필요한 만큼만 꺼내 놓고 이용하는 것이 공간적으로도 여유 있고 깔끔하다.

🔷 안쪽이 얕은 선반의 경우

수건은 가게에 디스플레이 되어 있는 것처럼 깔끔하게 개서 선반에 차곡차곡 쌓아 두는 것이 꺼내기도 쉽고 보기에도 좋다. 이때는 선반 깊이에 맞게 수건을 접는 크기를 맞추는 것이 요령. 깊이가 얕은 선반의 경우에는 폭을 넓게 갠다. 사진에서는 목욕 수건은 1장, 일반 수건은 가로로 2장씩 나란히 사용하기 편하도록 수납했다.

사용하기 쉽게 수건 개는 법

세탁한 수건이 예쁘게 정리되어 있는 것을 보는 것만으로도 기분이 좋아진다. 세탁한 수건을 정리할 때의 기분도 좋을 것이다. 나름대로 수건을 개는 방법이 있겠지만 깔끔하게 수납해서 보기에도 좋고 넣고 꺼내기도 쉽게 하기 위해서는 개는 방법을 다시 한번 확인해 보는 것도 필요하다. 여기서 소개하는 3가지 요령을 참고해 보자.

1
수납 공간에 맞추어 갠다

수건 사이즈에 따라 개는 것이 아니라 공간이 버려지지 않도록 수납하는 물건의 가로 폭이나 길이에 맞추어 갤 것. 지나치게 크게 개지 않도록 하는 것도 중요하다.

2
보관할 때는 둥글게 접힌 부분이 앞으로

포개어 둘 때는 앞쪽에 둥근 부분이 보이도록 할 것. 꺼내기도 편하고 한 장 한 장 흐트러트리지 않게 꺼낼 수 있다.

3
세워 보관할 때는 둥글게 접힌 부분이 위로

서랍이나 바구니에 넣을 때는 한눈에 보이고 꺼내기 쉽도록 둥근 부분을 위로 향하게 수납한다. 서랍의 경우에는 열고 닫을 때 걸리지 않도록 서랍 깊이보다 2～3cm 정도 짧게 갤 것.

일반 수건은 작게 개 두어야 꺼내기가 쉽다. 우선 길게 두 번 접어 3분할한다.

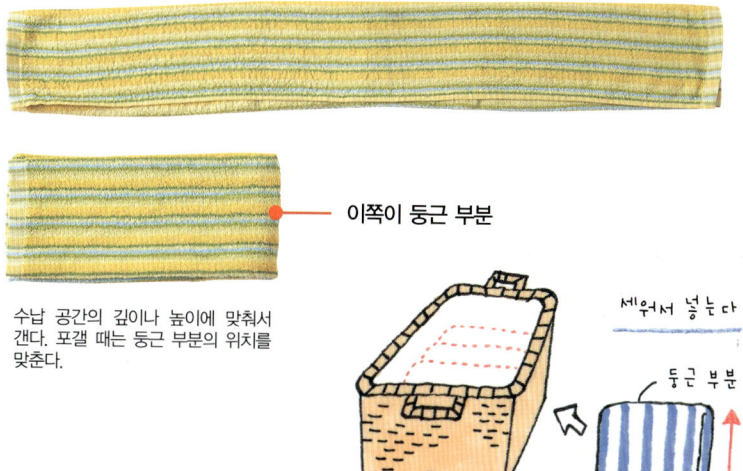

이쪽이 둥근 부분

수납 공간의 깊이나 높이에 맞춰서 갠다. 포갤 때는 둥근 부분의 위치를 맞춘다.

세워서 넣는다

둥근 부분

청소용 세제

수납 양이 많을 때는 선반을 조절한다. 선반 위에는 상자에 들어 있는 세제 외에 걸레나 화장지처럼 가볍고 키가 작은 물건을 수납하는 것이 좋다.

선반 높이를 조절할 수 있을 뿐만 아니라 선반의 일부를 떼어 낼 수 있기 때문에 배수관이 있어도 설치할 수 있다. 가로 폭 50cm, 세로 폭 30.3cm, 높이 30.7cm.

🔺 많이 비치해 둔 세제는 한 줄로

세제를 세면대 아래쪽에 가득 채워 놓으면 보기에도 좋지 않고, 무엇이 몇 개나 있는지도 파악하기 어렵다. 일단 안쪽에 보관해 놓은 것을 꺼내서 정리한다. 시간이 지나도 별로 사용하지 않는 세제나 샴푸 등은 과감히 버린다. 그리고 나서 남은 세제는 종류별로 분류하여 세로로 한 줄로 나열한다. 이렇게 하면 무엇이 있는지 쉽게 파악할 수 있어 있는 것을 또 사는 일을 막을 수 있고, 꺼내기도 편하다.

🔺 선반은 공간에 맞추어 고른다

세면대 아래쪽이 좁아서 물건이 쌓여 있을 때는 선반을 설치하는 것도 한 방법이다. 단, 세면대 아래에는 배수관이 있으므로 공간에 맞춘 선반을 고를 것. 적당한 수납 용품이 있다고 해서 계획 없이 사 버리면 오히려 정리하기가 힘들어진다. 또 선반을 두면 안쪽에 들어 있는 물건을 꺼내기가 어려워지므로 바구니를 사용하는 등의 방법을 고려할 필요가 있다.

세면대 아래쪽에는 안이 깊은 케이스를 넣는 것이 좋다. 화려한 수납 박스는 세면대 아래 배수관 위치나 수납하는 물건에 맞추어 3단계로 높이를 조절할 수 있다. 보라색, 오렌지색을 비롯하여 분홍색, 노란색, 녹색, 파란색 등 색깔도 다양하다.

✿ 바구니에 담아 세워서 정리한다

세면대 아래쪽은 깊기 때문에 바구니를 두면 사용하기가 편하다. 세제나 샴푸를 종류별로 나누어 세워 두면 필요한 것이 어디에 있는지 쉽게 찾을 수 있다. 안이 깊은 바구니가 없을 때는 바구니를 2개 준비하여 안쪽에는 비치해 둘 것을 넣고, 앞쪽에는 사용 중인 세제를 넣으면 된다. 이렇게 하면 바구니채 움직이기 때문에 안쪽에 있는 물건을 꺼낼 때도 편리하다. 바구니에는 비치해 둘 것만을 넣는다고 정해 놓으면 있는 것을 또 사는 일도 없고, 관리가 쉬워지며, 깔끔하게 수납할 수 있다.

화장 소품·칫솔

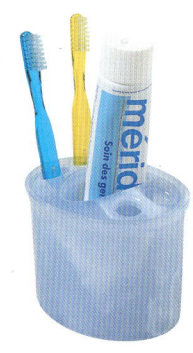

칫솔꽂이는 가족 수에 맞추어 고른다. 칫솔만 넣는 것, 칫솔과 치약을 함께 수납할 수 있는 것 등 다양한 형태의 제품이 판매되고 있다.

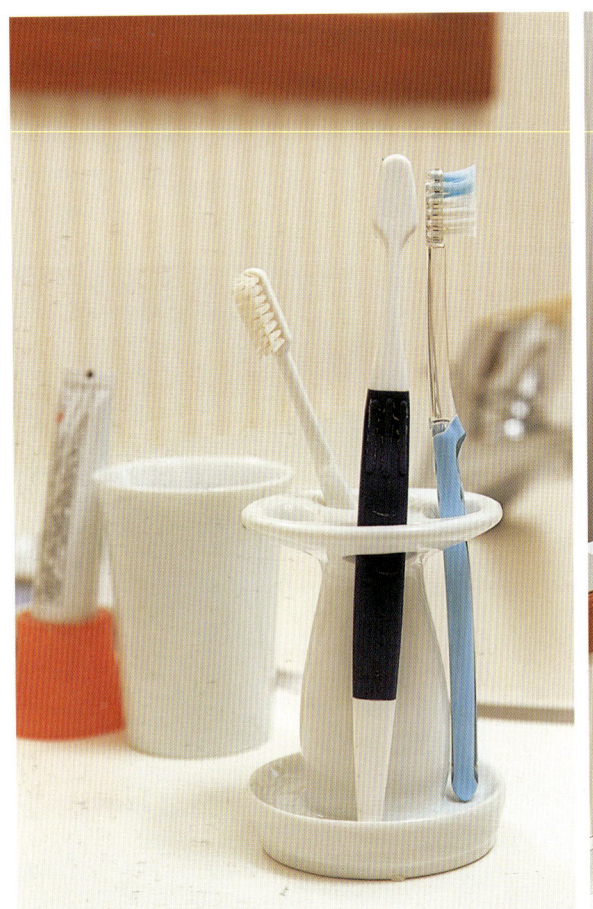

⬆ 칫솔은 전용 꽂이에

칫솔은 물이 묻어 있는 경우가 많기 때문에 곰팡이 방지를 위해 밖에 꺼내 두는 것이 좋다. 기본적으로 1인 1개씩으로 정한다. 가족이 2명이라면 2개만 꺼내 놓는다. 그 이상의 칫솔은 여유분으로 다른 공간에 수납한다. 최근에는 스탠드 타입의 치약이 많이 나와 있는데, 세워 두면 된다.

사용할 장소에 둘 수 있는 전용 화장대를 준비하면 편리하다.

⬆ 얕은 선반 수납장은 가족이 공유

매일 사용하는 화장품이나 칫솔류는 사용하는 장소에 둘 것. 가족 모두의 물건을 두게 되면 그 양이 꽤 많아진다. 여기에 공유 선반 수납장을 설치해 각자의 물건을 엄선해서 그곳에 수납하면 된다. 선반이 달려 있는 세면실이라면 각자의 공간을 정해 필요한 것만을 넣도록 한다.

세면실 ④

샴푸 · 비누

욕실 가장 가까운 장소에 샴푸나 비누처럼 욕실에서 사용하는 물건은 욕실에서 가까운 곳에 비치해 두는 것이 좋다. 이렇게 하면 머리를 감다가 샴푸가 떨어져도 바로 욕실 문을 열고 손을 뻗어 새 샴푸를 꺼낼 수 있다. 욕실과 세면대, 그리고 세탁기를 배치한 공간 사이에 빈틈이 있는 경우에는 세로로 긴 수납 선반이나 수납 용품을 두면 편리하다. 구입할 때는 폭과 깊이를 정확히 잰 뒤 골라야 한다.

슬림한 위생 수납장. 조절 장치가 달려 있으면 세탁기 배수구에 바닥이 닿지 않도록 조절할 수 있고, 빈틈까지 유용하게 활용할 수 있다.

깊이가 대략 19cm 정도. 미닫이식이기 때문에 수납장 앞쪽 공간이 좁아도 문을 열고 닫는 데 공간을 많이 차지하지 않는다.

플라스틱 케이스를 고를 때는 바닥에 구멍이 뚫려 있어서 마르는 속도가 빠른 것을 고른다.

🔄 스테인리스 재질의 수납 케이스에

가족 개개인의 취향에 따라 다양한 샴푸류, 바디클렌저 등으로 인해 욕실에 플라스틱 병이 죽 늘어서 있는 집이 많을 것이다. 이런 것들을 바닥이나 욕조 가장자리에 그냥 방치해 두면 물이 끼가 생길 뿐만 아니라 청소하기도 어렵고 공간도 좁아진다. 욕실을 깨끗하고 기분 좋은 공간으로 유지하기 위해서는 건조 속도가 빠르고 녹이 잘 슬지 않는 스테인리스 재질의 슬림한 수납 케이스를 이용하는 것이 좋다.

🔄 공간을 많이 차지하지 않는 코너용 스탠드로

욕실이 좁고 구석 쪽만 비어 있는 경우에는 공간을 많이 차지하지 않는 코너용 스탠드를 선택하는 것이 좋다. 샴푸 외에 세안용 클렌징이나 샤워 타월, 세숫대야도 정리해 수납할 수 있는 형태를 고르면 좁은 욕실에서도 쉽게 사용할 수 있고 정리하기도 쉽다. 타일 등에 붙이는 미끄럼 방지용 고무판이 붙어 있는지 확인해 보는 것이 좋다.

욕실 ❷

샤워 타월 · 스펀지

욕실 청소용 스펀지를 흡착 고리에 그냥 걸어 두면 벽에 붙어서 쉽게 마르지 않는다.

설치하면 벽면과 거리가 있는 수건걸이

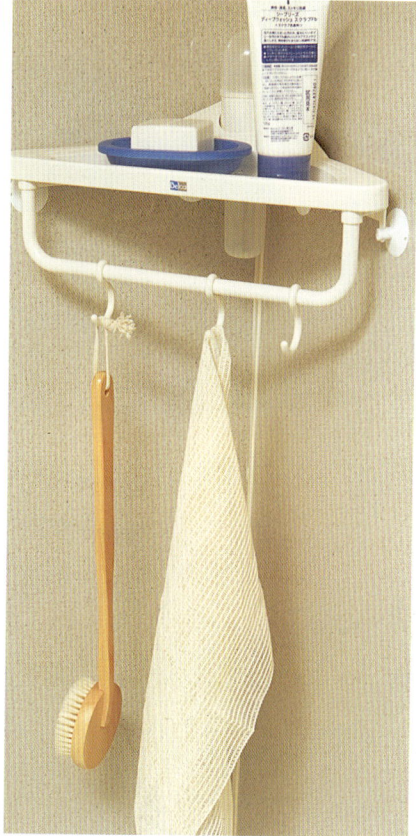

코너에 붙이는 타입의 제품

사용한 뒤 바닥에 그대로 두면 안에 물이 남아 있고 바닥의 물도 빨리 마르지 않는다.

쓰러지지 않도록 비스듬히 세워 두면 물이 잘 빠져서 세숫대야가 빨리 마른다.

⬆ 샤워 타월이나 스펀지 등은 벽에 붙지 않도록

욕실은 습한 공간이기 때문에 목욕 수건이나 샤워 타월, 욕실 청소용 스펀지 등이 잘 마르지 않고 곰팡이가 생길 가능성이 높다. 이러한 용품들은 빨리 건조되도록 매달아 수납하는 것이 기본이다. 거는 방법에도 충분히 신경 써야 한다. 욕실 벽에 붙여 놓으면 닿는 부분이 잘 마르지 않아 곰팡이가 쉽게 생긴다. 거는 부분이 벽에서 떨어져 있는 형태를 고르거나 수건걸이에 고리를 달아 벽에 붙지 않도록 빠르게 건조시킬 수 있는 방법을 고민해 볼 필요가 있다.

⬆ 세숫대야는 비스듬히

욕실에서는 세숫대야를 두는 방법 등 사소한 것에 신경 써서 곰팡이가 피는 것을 방지해야 한다. 세숫대야를 사용한 뒤 그대로 두면 바닥에 물이 고여 미끌거리는 원인이 된다. 사용한 세숫대야는 비스듬히 기울여 놓아야 한다. 욕실용 의자도 가끔씩 뒤집어서 건조시켜야 한다. 이렇게 사소한 행동들이 쾌적한 욕실을 만든다.

화장지·위생 용품

수납 용기가 없으면 화장지를 바닥에 두게 된다.

⬆ 높이 매달린 선반에는 비치해 둘 물건들을 넣는다

화장실 높이 달린 선반에는 화장지 등을 비치해 두는 물건을 수납한다. 하지만 높은 곳에 보관할 경우 물건을 넣고 꺼낼 때마다 발판이나 의자가 필요하기 때문에 귀찮고, 또 떨어뜨리는 경우가 생긴다. 그러므로 여유분의 화장지나 비누 등은 정리해서 바구니에 넣어 두는 것이 좋다. 바구니에 끈을 이용해 손잡이를 달면 쉽게 꺼낼 수 있다.

⬆ 수납 공간이 부족하면 바구니를

화장실에 수납할 곳이 전혀 없거나 너무 높아 손이 닿지 않을 경우 화장지나 청소용 시트 등을 바닥에 두는 경우가 있는데, 이것은 보기에도 좋지 않을 뿐만 아니라 청소하기도 번거롭다. 이때는 필요로 하는 최소한의 물건만을 콤팩트한 바구니에 수납하는 것이 좋다. 좁은 화장실에 큰 바구니를 두면 화장실을 사용하기 힘들고 더 좁아 보인다. 앉아서도 손이 쉽게 닿는 변기 앞이나 뒤쪽에 두는 것이 좋다.

◐ ◑ 화장실 용품 정리 수납

화장실에는 일반적으로 화장지, 위생 용품, 청소용 시트, 탈취 스프레이 등을 놓을 것이다. 화장실에 선반이 없다면 등나무 바구니처럼 보기에 좋은 작은 상자 형태의 용기에 정리하여 수납해 두는 것이 좋다. 이렇게 해 두면 필요할 때 바로 꺼낼 수 있고, 관리하기도 쉽다.

◐ 공간이 있다면 시판되는 수납 선반을 구하여 사용한다

화장실에 여유 공간이 있다면 시판되는 선반을 구입하여 설치하는 것도 좋다. 문고판 정도의 얇은 선반이 사용하는 데 편리하다. 다양한 디자인의 수납 선반이 시판되고 있으므로 수납 공간이나 기호에 맞춰 활용하면 된다.

◐ 마땅한 공간이 없을 때는 받침대 봉을 활용하여 선반을 만든다

걸려 있는 수납장도 없고 바닥 공간도 넉넉지 않을 때는 변기 탱크 위처럼 방해되지 않는 공간에 받침대 선반을 설치하는 것도 방법이다. 받침대 선반은 사이즈가 다양하고, 하중도 다르다. 공간을 정확히 측정하여 물건을 두고 싶은 위치를 골라 선반을 단 뒤 물건을 정리하면 된다.

불필요한 공간을 수납 공간으로 재창조

지은 지 오래된 단독 주택에는 장식품을 놓기 위한 공간이 있는 경우가 있다. 지금 당장은 쓸모가 없지만 원래의 상태를 훼손시키지 않고 수납 공간으로 바꾸는 방법을 생각해 보자.

1 옷장으로

2 책장으로

3 컴퓨터 책상으로

일본 주택에서 흔히 볼 수 있는 장식 공간인 도코노마로, 액자 등을 걸어 둔다. 방바닥보다 살짝 높은 경우가 많다.

1 옷장으로

옷걸이봉을 설치할 때는 그림에서처럼 양쪽에 폭 30cm 정도 되는 판을 세워 거기에 옷걸이 봉을 설치하는 것이 좋다. 사이즈가 맞으면 시판되는 옷걸이 봉을 설치해도 된다.

2 책장으로

책장으로 만들고 싶은 경우에는 책장만 둔다. 사이즈를 정확히 측정하여 틈이 생기지 않도록 한다.

3 컴퓨터 책상으로

컴퓨터 책상을 설치하면 작업 공간으로도 사용할 수 있다. 방바닥과 높이 차이가 없는 경우에는 좌식 컴퓨터 책상을 놓고 방바닥에 앉아서 사용할 수도 있다. 의자에 앉아서 컴퓨터를 사용하고 싶다면 의자와 책상을 준비한다. 책상 상판과 선반의 높이를 조절할 수 있는, 활용도가 높은 것으로 고른다.

붙박이장

붙박이장은 물건을 넣는 공간치고는 상당히 많은 양의 물건을 수납할 수 있기 때문에 매우 편리하다. 하지만 실제로 붙박이장을 유용하게 활용하고 있는 가정은 의외로 많지 않다. 이용한다 해도 대부분 여러 가지 물건을 지나치게 많이 넣어 놓았거나, 그로 인해 무엇이 어디에 있는지 모르는 경우도 많다.

붙박이장은 원래 침구를 넣기 위한 공간으로 고안되었기 때문에 많은 물건을 넣을 수 있을 만큼 안이 깊은 것이 특징이다. 그것을 얼마나 효과적으로 사용하느냐 하는 것이 붙박이장 수납의 핵심이다. 일단은 붙박이장에 들어 있는 물건을 살펴보고 필요 없는 물건을 없애는 작업부터 시작해야 한다. 그런 뒤에 남은 것을 어떻게 수납할지 생각한다.

사이즈에 맞춘 수납 가구를 고른다

붙박이장의 다양한 모양에 맞추어 가구를 골라야 가구가 들어가지 않거나 서랍을 열면 덮개에 부딪히는 등의 문제점을 예방할 수 있다.

상단은 서 있는 그대로 정면에서 물건을 꺼낼 수 있기 때문에 넣고 싶은 것에 맞추어 선반이나 옷걸이 봉을 설치한다. 덮개를 여는 것만으로 물건을 꺼낼 수 있기 때문에 움직임이 적다.

수납 용품을 고를 때는 가로 폭과 높이, 세로 폭은 물론 덮개 폭까지 정확히 확인해야 한다. 다양한 붙박이장 수납 가구가 있지만 물건을 하단에 넣을 경우에는 몸을 구부려 꺼내야 하므로 바퀴를 달거나 서랍 형태 형태로 된 것을 선택하는 것이 편리하다.

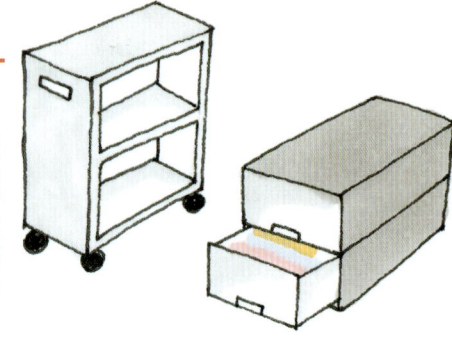

넣는 방법의 기본을 알아야 한다

붙박이장에 넣고 싶은 물건은 사람마다 다르지만 물건을 둘 장소나 넣는 방법의 기본을 알아두는 것이 중요하다. 기본을 알면 자신에게 효과적인 사용법을 알 수 있다.

가끔 사용하는 트렁크

계절 용품

계절이 지난 침구나 명절 또는 크리스마스 용품처럼 일 년에 한 번 정도밖에 사용하지 않는 물건은 상자에 넣어 반침 위 작은 벽장에 넣는다.

평상복

옷걸이 속 선반. 평상복을 걸어 놓은 스탠드형 옷걸이 안쪽에는 선반이 달려 있으므로 여기에는 계절이 지난 옷을 차곡차곡 보관하면 좋다. 앞쪽에 옷을 걸어 두면 안이 잘 보이지 않으므로 사용 빈도가 낮은 것을 수납하는 것이 요령.

일용 잡화

늘 사용하는 가방

평소에 입는 옷

깊이가 있는 붙박이장 전용 서랍 케이스로, 아이 옷이나 평상복을 수납하면 수납장 앞에서 몸단장까지 할 수 있다. 서랍 케이스를 벽에 지나치게 딱 붙여 놓으면 앞 기둥에 부딪힐 수도 있으므로 주의할 것.

이불

◯ 넣고 꺼내기 편한 상단에 수납

붙박이장에 이불을 수납할 경우에는 매일 사용하는 것을 전제로 한다. 자주 사용하지 않는 손님용 이불이라면 정리 수납의 법칙에 따라 다른 수납 방법을 생각하는 것이 좋다. 우선 이불은 올리고 내리는 것을 생각하여 넣고 꺼내기 편한 상단에 보관한다. 붙박이장 상단은 하단에 비해 습기가 적다는 점도 상단에 보관하는 것이 좋은 이유다. 이불만 넣는 것으로는 공간이 남을 경우 아래쪽에 붙박이장 전용 서랍을 두는 것도 좋은 방법. 상단에 서랍을 둘 경우에는 높이에 주의해야 하지만 가슴 정도의 높이라면 상관없다. 하지만 지나치게 서랍이 높을 경우 물건을 넣고 꺼내는 일이 힘들어져 쾌적한 수납을 유지하고 관리할 수 없다.

이불 아래쪽에 달린 서랍에는 시트나 베개 커버 등을 수납하면 편리하다. 개서 둥근 부분이 위로 오도록 세워 넣으면 어떤 것이 있는지 바로 보이기 때문에 쉽게 꺼낼 수 있다.

붙박이장 전용 서랍 케이스는 필요에 따라 포갤 수 있는 것이 좋다. 사이즈가 맞는 것으로 색이나 디자인을 통일하면 보기에도 깔끔하다.

◑ 붙박이장에 편리한 수납 선반을 활용

기능을 갖춘 다양한 붙박이장 전용 수납 용품이 시판되고 있다. 붙박이장을 설치하여 이불을 쉽게 꺼내고 싶다거나 이불 이외의 생활 용품까지 함께 수납하고 싶다는 등의 생각이 들 때는 과감하게 도전해 보자. 이때 주의해야 할 것은 디자인이 우선이 아니라 붙박이 장의 사이즈에 맞는지를 먼저 따져 봐야 한다는 것이다. 붙박이장의 안쪽 사이즈를 정확하게 측정하고, 무엇을 넣을지를 곰곰이 생각 한 뒤에 구입해야 한다. 그 목적에 따라 고르는 상품이 바뀌기 때문이다. 여기서는 이불을 수납할 수 있는 방법을 소개하고 있다.

심플한 간이 선반은 붙박이장 안에 선반을 만들고 싶을 때 사용하면 편리하다. 사진은 2 개 세트로, 간이 선반을 앞뒤 로 배열해 위에는 이불을, 아 래에는 수납 케이스 4개를 세 팅했다.

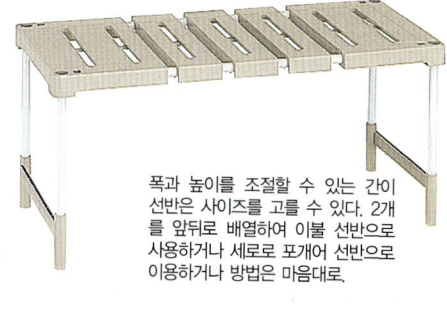

폭과 높이를 조절할 수 있는 간이 선반은 사이즈를 고를 수 있다. 2개 를 앞뒤로 배열하여 이불 선반으로 사용하거나 세로로 포개어 선반으로 이용하거나 방법은 마음대로.

가벼운 오동나무 이불 선반의 자연스러운 느낌이 보기에도 좋다. 선반은 발처럼 엮은 것 으로, 통기성이 뛰어나다. 이것 은 위에 올려놓는 상단용이고, 하단용에는 바퀴가 달려 있다.

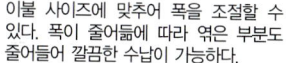

이불 사이즈에 맞추어 폭을 조절할 수 있다. 폭이 줄어듦에 따라 엮은 부분도 줄어들어 깔끔한 수납이 가능하다.

의류

옷걸이 봉 대신 받침대 봉을 이용해도 좋다. 이때는 길이 조절이 가능하고 무게에 견딜 수 있는 것을 고를 것. 옷걸이 봉은 안쪽 깊숙이 달면 꺼내기가 힘들므로 벽에서 30cm 정도 거리를 두고 다는 것이 좋다.

옷걸이를 정리하는 것만으로도 넣고 꺼내기가 쉬워진다. 같은 모양의 옷걸이에 걸린 옷을 옆으로 밀어놓으면 꺼낼 때 여유 공간이 쉽게 만들어진다. 옷걸이는 같은 방향으로 건다.

옷을 걸 공간이 부족한 경우에는 주름이 잘 생기지 않는 옷을 개서 수납 케이스에 보관한다. 이때는 서랍이 팔보다 높은 곳에 위치하지 않게 할 것.

깊은 수납 케이스에 가방을 수납할 때는 세워 넣는 것이 편리하다.

옷걸이에 걸 것과 갤 것으로 나눈다

붙박이장에 의류를 수납할 때는 먼저 '옷걸이에 걸 것'과 '개서 보관할 것'으로 나눠야 한다. 옷걸이에 거는 것은 재킷이나 블라우스처럼 주름이 생기면 곤란한 옷이다. 반대로 옷걸이에 걸면 오히려 모양이 변형되는 스웨터나 트레이닝복과 청바지 등의 부피가 큰 옷은 개서 수납 케이스에 보관하는 것이 좋다. 옷장 수납과 같다(p.60 참조). 걸고 싶은 옷이 많을 경우에는 사진처럼 상단에 옷걸이봉을 설치하는 것도 방법. 하지만 가운데 선반을 떼어 내지 않는 이상 길이가 긴 코트 등은 수납할 수 없다.

비어 있는 공간에는 액세서리를 넣는 케이스 등을 놓아 활용한다. 이렇게 하면 몸을 단장할 때 필요한 것을 바로 고를 수 있다.

◑ 신발은 상자 서랍에

신발장에 넣을 수 없는 신발이나 자주 신지 않는 관혼상제 용품은 상자에 넣어 붙박이장의 서랍식 케이스에 보관하는 것이 편리하다. 속이 보이도록 신발 상자의 뚜껑을 상자 아래로 포개어 한눈에 알 수 있도록 한다. 신발 상자가 없거나 여러 컬레의 신발을 넣고 싶을 때는 상자에서 꺼내 그대로 넣는다.

◑ 사용 빈도가 낮은 가방은 서랍에

파티용 가방이나 관혼상제용 가방, 계절이 지난 물건으로 좀 작은 것은 서랍에 나란히 두자. 넣고 꺼내기가 쉽고 유사시에 쉽게 고를 수 있다. 가방 손잡이가 높이에 맞추어 수납 케이스를 고른다.

S자 고리 사이즈는 옷걸이 봉의 크기에 맞춰 고른다. 가능하면 색은 통일한다.

사각의 칸막이가 있는 투명한 플라스틱 케이스는 액세서리를 수납하는 데 매우 편리하다. 칸막이가 있기 때문에 액세서리끼리 부딪힐 일이 없으므로 흠집이 날 염려가 없다. 귀걸이를 쌍으로 수납하기에도 적당하다.

◑ 가방은 S자 고리에 건다

가방 디자인은 다양하다. 세우기도 어렵고 부드러운 소재의 가방인 경우에는 걸어서 수납하는 것이 가장 좋다. 붙박이장의 옷걸이 봉에 S자 고리를 달아 가방 손잡이를 걸어 두는 것으로 끝. 꺼낼 때 원래대로 걸어놓는 것도 간단하다. 옷과는 별도로 가방만으로 정리해서 건다.

◑ 액세서리는 칸막이가 있는 케이스에

액세서리는 그날 옷차림에 맞춰 고르는 것이 중요하다. 여기서 권하고 싶은 것은 얕은 서랍이 여러 단으로 되어 있는 칸막이가 달린 수납 케이스나 사무용 서류 케이스. 어떠한 액세서리라도 '움직임 1'로 꺼낼 수 있다.

일용 잡화

바퀴가 달린 선반에 넣어 하단에 물건이 붙박이장 하단에 수납되어 꺼낼 때 불편하다. 특히 안쪽에 있는 물건을 꺼낼 때는 더 힘들다. 이를 방지하기 위해서는 수납 가구에 바퀴를 달아 이용하는 것이 좋다. 다양한 수납 용품 가운데 '이거다'라고 생각하는 것을 고르기 위해서는 '무엇을 수납할지'를 먼저 정해야 한다. 다리미나 구급용품 상자, 공구, 버릴 수 없는 책이나 잡지, 비디오 테이프 등의 일용 잡화를 넣기에는 움직일 수 있는 선반 형태가 사용하기 편하다.

바퀴가 달린 오픈형 수납장 예 1. 오른쪽 위에는 다리미나 분무기, 콘센트 연결선 등을 놓고, 오른쪽 아래에는 상비약이나 응급용 반창고 등을 담은 구급 상자를 놓았다. 왼쪽 아래에는 종이 봉투나 비치용 수건을 놓고, 왼쪽 위는 물건을 일시적으로 두는 공간으로 비워 두었다.

붙박이장 하단에 손잡이가 달린 오픈 선반을 2개 넣은 것. 선반을 움직일 수 있기 때문에 넣는 물건에 맞춰 유용하게 사용할 수 있다.

바퀴가 달린 오픈형 수납장 예2. 오른쪽 위에는 좀처럼 버릴 수 없는 만화책과 책을 놓고, 오른쪽 아래에는 가족 앨범을 수납했다. 왼쪽 아래에는 망치처럼 자주 사용하지 않는 공구를 수납했다. 왼쪽 중간과 왼쪽 위에는 꽂아 두고 싶은 CD나 비디오 테이프를 빈틈없이 수납했다.

붙박이장 수납 케이스 고르는 법

가구를 고를 때는 디자인에 눈이 먼저 가지만 무엇보다도 물건을 넣고 꺼내기가 쉬운지를 먼저 고민해야 한다. 붙박이장에 넣는 수납 케이스는 뚜껑이 달린 것과 서랍형으로 크게 나눌 수 있다. 어느 쪽을 고를 것인가?

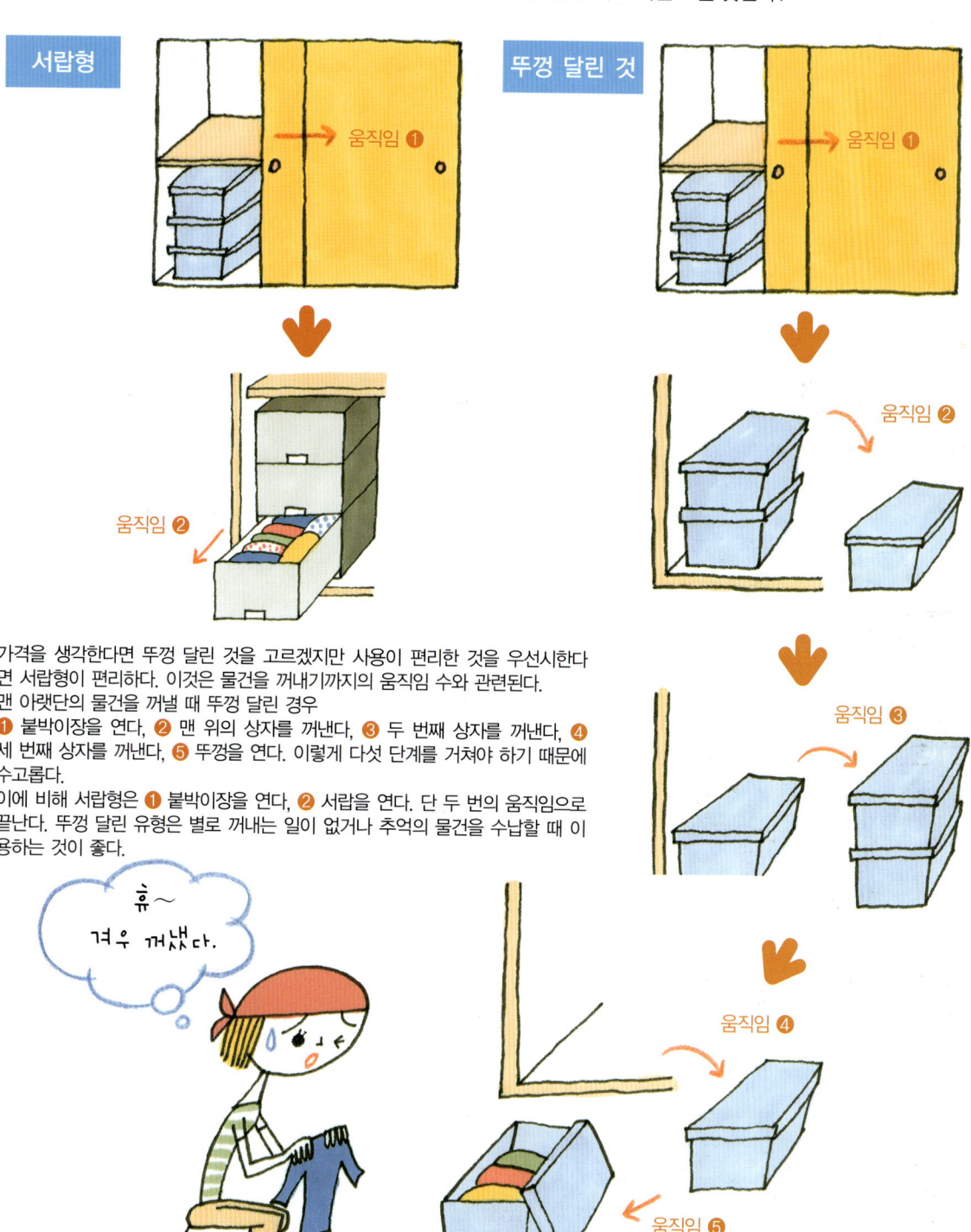

서랍형

움직임 ❶

움직임 ❷

뚜껑 달린 것

움직임 ❶

움직임 ❷

움직임 ❸

움직임 ❹

움직임 ❺

휴~
겨우 꺼냈다.

가격을 생각한다면 뚜껑 달린 것을 고르겠지만 사용이 편리한 것을 우선시한다면 서랍형이 편리하다. 이것은 물건을 꺼내기까지의 움직임 수와 관련된다.
맨 아랫단의 물건을 꺼낼 때 뚜껑 달린 경우
❶ 붙박이장을 연다, ❷ 맨 위의 상자를 꺼낸다, ❸ 두 번째 상자를 꺼낸다, ❹ 세 번째 상자를 꺼낸다, ❺ 뚜껑을 연다. 이렇게 다섯 단계를 거쳐야 하기 때문에 수고롭다.
이에 비해 서랍형은 ❶ 붙박이장을 연다, ❷ 서랍을 연다. 단 두 번의 움직임으로 끝난다. 뚜껑 달린 유형은 별로 꺼내는 일이 없거나 추억의 물건을 수납할 때 이용하는 것이 좋다.

이다 히사에(飯田久惠) URL : http://www.yutori-cobo.co.jp/

주부로서의 경험을 바탕으로 시스템 부엌과 수납 가구를 설계하고 상담을 진행하면서 개인의 생활
스타일과 성격에 맞춘 수납 방법을 '정리 수납학'으로 체계화하였다.
현재 개인 주택이나 오피스 수납 상담, 주택 수납 설계 등을 시행하는 (주)유토리 공방을 운영하고
있으며, '수납 카운슬러'의 제1인자로서 활약하고 있다.
일본에서 발표된 주요 저서로《정리·수납의 법칙》,《버리다! 쾌적 생활》(이상 미카사책방),《수납
지수로 알 수 있는 정리된 수납, 정리 안 된 수납》(PHP 연구소) 등이 있다.

김윤경 _ 옮긴이

한밭대학교 일본어과를 졸업하고 티멕, 대한메트라에서 근무했다. 현재 출판 편집자로 일하면서
일본 실용서 번역가로 활동하고 있다.
옮긴 책으로《궁합이 맞아 더 좋은 채소 과일 생주스》《음식을 버리지 않고 잘 보관하는 방법》등이
있다.

깔끔 정리 수납

지은이 이다 히사에
옮긴이 김윤경
펴낸이 양동현
펴낸곳 도서출판 아카데미북
   136-034, 서울 성북구 동소문동4가 124-2
   Tel 02-927-2345 Fax 02-927-3199

초판 1쇄 인쇄 2008년 8월 20일
초판 1쇄 발행 2008년 8월 25일

ISBN 978-89-5681-088-1 / 13590

＊잘못 만들어진 책은 구입한 곳에서 바꾸어 드립니다.

www.academy-book.co.kr